毒をもつ生き物たち

ヘビ、フグからキノコまで

［監修］船山信次

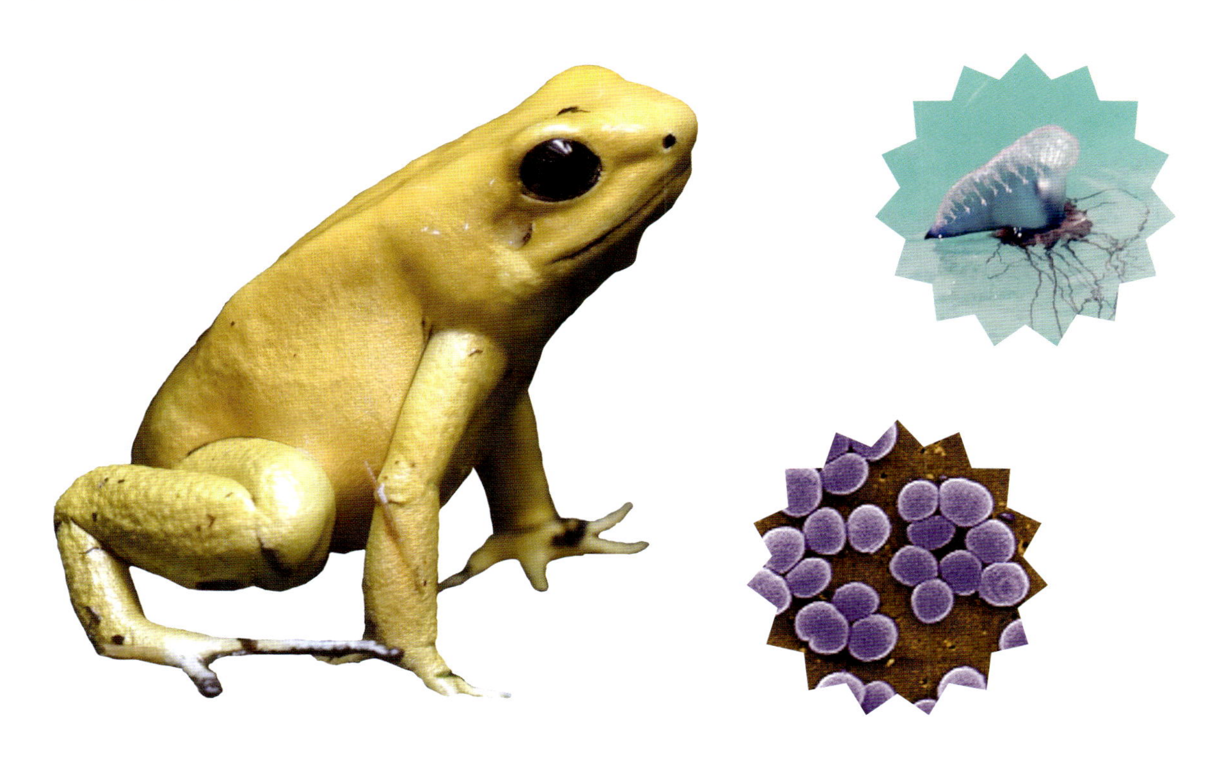

PHP

毒をもつ生き物たち もくじ

プロローグ　毒って何?

第1章　毒をもつ生き物

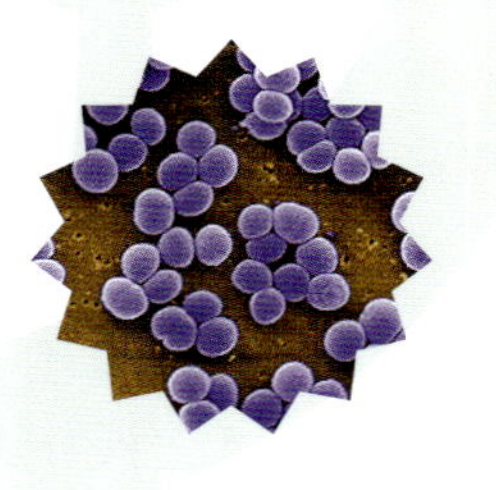

第2章　毒の種類と作用

第3章　薬になる毒

はじめに

世の中には、動植物や微生物がつくり出す毒と、人工的につくられる毒があります。実はこれまでに見つかったそれらの毒のうち、最強レベルの毒の多くは、人工的につくられる毒ではなく、動植物や微生物がつくり出す毒なのです。人は自然がもつ知恵には、まだまだかなわないと思わざるを得ません。

では、どうして動植物や微生物は毒をもつようになったのでしょうか。ときどき、毒をもつ生き物たちは「ほかの生き物に食べられたりおそわれたりしないように毒をもつようになった」といわれることがありますが、彼らが意図的に毒を調達したわけではありません。たまたま、それらの生き物たちが進化の過程で、わたしたちが今日、毒とよんでいるものをもつようになり、それが生き残りに有利にはたらいたと考えるべきでしょう。

ところで、毒と薬は相反しているようですが、人の体に何らかのはたらきかけをするという点では同じです。あるものを人の体に使った結果が、人にとって良いはたらきをした場合にはそれを「薬」とよび、良くないはたらきをした場合には「毒」とよんでいるにすぎません。ですから「薬」とよばれるものでも、使い方などを変えて良くないはたらきをしたら「毒」ということになるのです。反対に毒が薬になることだってあります。このことをわたしは、「薬毒同源」とよんでいます。

なお、毒や薬というよび方は人の一方的な都合による表現です。たとえば、「農薬」という言葉がありますが、農薬で殺される害虫や雑草にとっては、それは毒でしかありません。つまり、彼らにとっては「農毒」です。しかし、農薬はわたしたち人の役に立つものなので、農毒ではなく、農薬と言っているのです。「害虫」や「雑草」という言葉もまた、人中心の表現ですね。害虫や雑草もただ一生懸命に生きているだけですが、たまたまその存在が人の利益に反するために、そうよばれているのです。彼らはその事実を知る由もありませんが、理不尽な話ではあります。

この本では生き物のつくり出す毒「生物毒」について、その種類や作用をイラストや写真を多用してわかりやすくまとめてあります。また、毒は薬となる可能性にも注目して、なぜそうなるのかを、毒が薬になる例を示しながら、「薬毒同源」の立場からしょうかいしています。

みなさんには、この本を通して、毒とは何かをよく知っていただくとともに、生命の尊さや不思議についても学んでほしいと願っています。

日本薬科大学教授
船山信次

プロローグ

毒って何?

毒と薬は何がちがうの？
毒をもつ生き物はどうやって生まれたの？
まずは毒の基本を見ていきましょう。

毒って何だろう?

人に悪い影響をあたえる「毒」は、体のさまざまな部分から体内に入ってきます。人に良い影響をあたえる「薬」も、つかい方や量をまちがえると毒になることがあります。

毒はどこから入ってくる?

くらしの中で、食べ物は口から、空気は鼻や口から、湿布薬の成分は皮ふからなど、いろいろな物質がいろいろな部位から体の中へ入ってきます。毒も同じように、口や鼻、皮ふなどから体の中へ入ってきます。ハチの毒針にさされた場合には、予防接種のワクチンを注射器で注入されるように、毒が皮ふの下の筋肉や血管の中に注がれていくのです。

食べ物にふくまれる毒は、口から入って、舌の表面や胃腸などで吸収される。

毒性のあるガスを口や鼻から吸いこむと、毒が肺に入り、血管を通して全身に広がることがある。

ハチの毒針にさされたり、ヘビの毒牙にかまれたりすると、毒が筋肉に注入され、血管を通して全身に広がる。

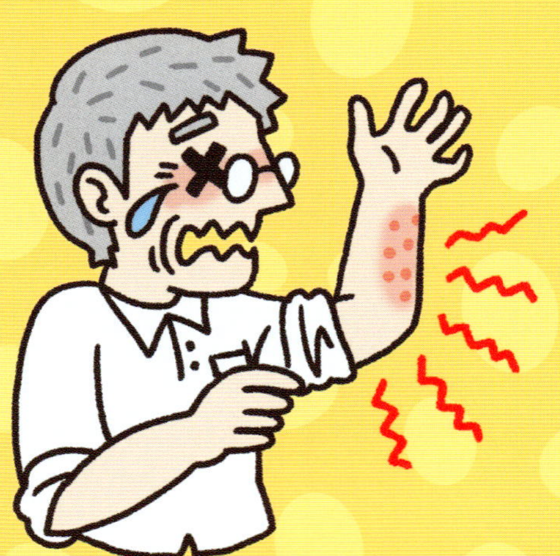

ウルシの樹液には、かぶれ（皮ふの炎症）を引きおこす物質がふくまれているので、これにふれた部分は赤くなってかゆくなる。

毒と薬は何がちがう？

「毒」とは、体調を悪くしたり、皮ふをかぶれさせたりするなど、人にとって悪いはたらきをする物質です。反対に「薬」は、体調を良くしたり、傷にぬって治りを早くしたりするなど、人にとって良いはたらきをする物質です。すなわち毒と薬は、人に対して有害か有益かで分けられているのです。また、ある人にとって薬になるものでも、別の人にとっては薬にも毒にもならなかったり、別の生き物では毒になったりすることもあります。

人に対して有害な物質は「毒」、有益な物質は「薬」とよばれる。しかし、つかい方によっては、薬が毒に、毒が薬になることもあるので、実は毒と薬は表裏一体だ。

薬が毒になる？

薬もつかい方（用法）やつかう量（用量）をまちがえると、毒になることがあります。薬を必要以上にのみすぎたり、体にぬる薬をのんだりすると、中毒をおこし、最悪の場合は死んでしまうこともあるのです。

また、薬には体に都合の良いはたらきをする一方で、悪いはたらきをする「副作用」もあります。薬の副作用にはねむくなるものもあるため、大事な試験の日や自転車にのるときには気をつける必要があります。薬をつかうときには、説明書をしっかり読んだり、薬剤師に相談したりして、正しくつかいましょう。

薬の量をまちがえて、一度に大量の薬をのんでしまうと、とても危険だ。

毒の強さのあらわし方

毒の強さは、実験用動物に毒をあたえたとき、その半分が死ぬと推定される毒の量「LD_{50}（半数致死量）」であらわします。たとえば、ある毒の LD_{50} が 1mg/kg なら、ヒト 10 人にそれぞれ体重 1kg あたり 1mg の毒が体内に入ると、半分の 5 人が死んでしまうと推定されるのです。LD_{50} が小さいほど、少ない量で作用のある強い毒になります。しかし、毒のあたえ方や生き物によって作用がちがうため、人に対する毒の強さを正確にあらわすことは難しいのです。

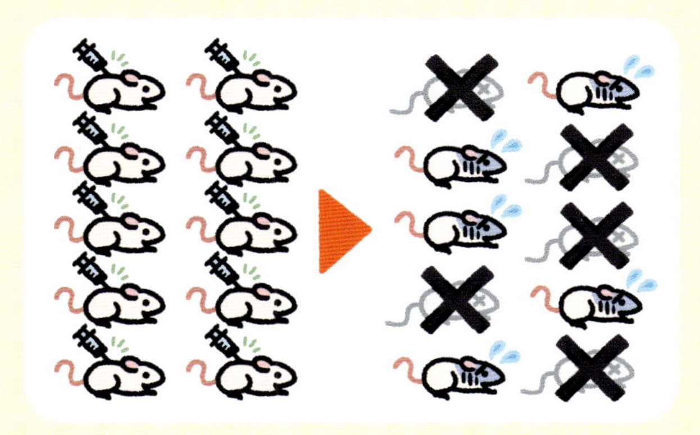

たとえば 10 匹のネズミに毒をあたえると、半分の 5 匹が死ぬと推定される毒の量で、その毒の強さをあらわす。

?生き物の進化と毒

地球上の生き物は長い時間をかけて、環境に適応しながら、絶滅や進化をくり返してきました。さまざまな生き物が誕生する中で、有毒生物やそれにそっくりな生き物も登場してきました。

たまたま生き残った有毒生物

およそ40億年前に地球上に最初の生命が生まれてから、長い時間をかけてさまざまな生き物が生まれてきました。それらの生き物の中から、毒とよばれる物質をえた生き物が、毒をもつことで敵からのがれたり、えものをつかまえたりして生きのびてきました。たまたま生き残るのに有利だったのでしょう。また、フグ毒のテトロドトキシンのように人にとっては毒でも、その生き物にとってはなかまをひきつけるフェロモン（においの一種）の役目をする場合もあります。

皮にテトロドトキシンという毒をもつフグは、敵におそわれると毒を体の外に出して身を守る。この毒には、めすがおすをおびきよせるフェロモンの役割もある。

有毒生物のそっくりさん

スズメバチやヤドクガエルなどは、毒針や毒液で敵から身を守り、えものを狩ります。それらの多くは、体が派手で目立つ色やもようをしています。これを「警告色」または「警戒色」といいます。また、カミキリムシやアブなど昆虫の中には、毒はなくても毒虫と色やもようのそっくりなものがいます。それらの有毒生物のそっくりさんは、進化の歴史の中で毒虫に似ていたことで、敵におそわれにくく、生き残ってきたと考えられています。

ヨツスジトラカミキリ（左）は花の花粉や葉などを食べるカミキリムシのなかまであり、オオスズメバチ（右）に色やもようは似ていても毒針をもたない。

ほ乳類や鳥類に有毒生物が少ないわけ

ヒトをふくむほ乳類、鳥類、は虫類、両生類、魚類はみな背骨をもつせきつい動物ですが、は虫類・両生類・魚類にくらべて、ほ乳類・鳥類の有毒生物はとても少なく、数種しか知られていません。これは、毒をもたなくても知恵や技などで有利に生き残ることができたためだと考えられています。

ほとんど動かず、風景にとけこむナマケモノ。

第1章

毒をもつ生き物

自然の中には
さまざまな毒をもつ生き物がいます。
どんな生き物がいるのか見てみましょう。

毒をつかって狩りをする動物

毒をもつ生き物の中には、えものをとらえる狩りに毒をつかうものがいます。とらえたえものの体に毒を流しこみ、動きをにぶらせて、にげられないようにするのです。

毒ヘビ

約 3000 種いるヘビの中で約4分の１が毒をもちます。えものにかみついて毒を流しこみ、動きがにぶくなったえものを丸のみします。

ハブ 血

●全長 100～240cm ◆奄美諸島、沖縄 ★牙

日本最大の毒ヘビ。昼間は木の根元や岩のすき間などにひそみ、夕方ごろから活動してネズミなどを狩る。

ハブやマムシの毒牙は、ふだん口の中で折りたたまれていて、口をあけると前のほうに飛び出す。毒は、ほほにある毒腺にたまり、注射針のような管状の牙の中を通って出る。

写真提供：東武動物公園

ニホンマムシ 血

●全長 40～65cm ◆北海道、本州、四国、九州 ★牙

「マムシ」ともいう。ハブよりも強い毒をもつが、注入される毒の量が少ないので、人がかまれても死亡する確率は低い。

●：大きさ ◆：生息地 ★：毒のある場所

神：神経毒→ 36 ページ　細：細胞毒→ 38 ページ　血：血液毒→ 40 ページ　ア：アレルギー→ 42 ページ

キングコブラやウミヘビの毒牙は、ハブほど長くなく、口を閉じたときも立っている。牙にあるみぞを伝わらせて毒をえものに流しこむ。

キングコブラ 神 ☠☠☠

●全長 300 ～ 400cm ◆インドから中国南部、東南アジア ★牙

世界最大の毒ヘビで、おもにヘビを食べる。注入される毒の量が多く、人はひとかみでほぼ死んでしまい、体の大きなゾウでも急所をかまれると死ぬことがある。

エラブウミヘビ 神 

●全長 70 ～ 180cm ◆南西諸島以南、西太平洋 ★牙

沖縄の方言で「エラブー」「イラブー」ともよばれるウミヘビ。昼間は海岸の岩のすき間などにひそみ、夜になると海に入って魚を狩る。体を左右に波打たせて泳ぐ。かまれてすぐには痛みやはれはないが、15 分～8時間後に毒が効きはじめる。

写真提供：東武動物公園

ヤマカガシ 血 ☠☠☠

●全長 70 ～ 150cm ◆中国とその周辺、本州、四国、九州 ★牙、首

牙の毒には、血液などの細胞をこわす作用がある。また、背側の首のあたりの頸腺にある毒は、ヒキガエルを食べて（右写真）、その毒をためたものだ。ワシなどの敵に首をかまれたとき、この毒を噴射して身を守る。

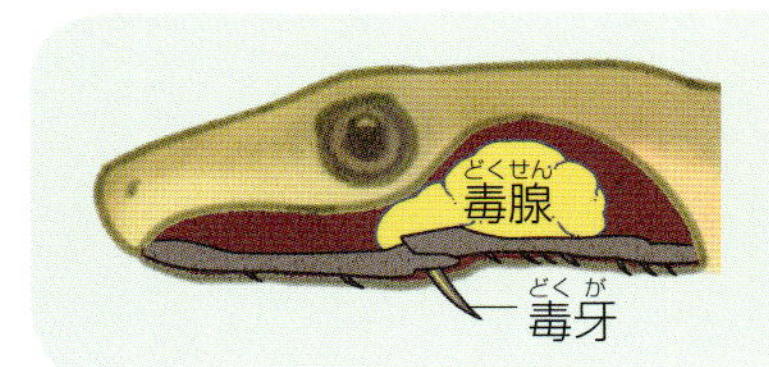

ヤマカガシの毒牙は、上あごの奥のほうにあるので、見えにくい。

毒をふくヘビ

　コブラのなかまの中には、毒液を前に向かってふくことができる、「ドクフキコブラ」とよばれる毒ヘビがいます。ドクフキコブラの毒牙には、ハブやマムシのように穴があいていて、穴が前のほうに向いているので、毒液を前に向かって飛ばすことができるのです。毒液が目に入ると、失明するおそれがあります。

ドクフキコブラの毒牙の穴

首をもちあげて、1～3m 先の敵めがけて、毒液をふきかける。

毒の強さ ☠☠☠：重度の被害で死ぬこともある（すぐ病院に）　☠☠：死ぬことはないが、重度の被害が出る（病院に）
☠：応急手当や軽度の被害ですむことが多い（場合によっては病院に）

カバキコマチグモは上のように、ススキなどの葉を折り曲げて巣をつくり、この中で産卵する。

©cubeMiyako / PIXTA

カバキコマチグモ

●体長 8 ～ 15mm　◆沖縄をのぞく日本各地
★あご

クモの巣ははらずに、夜に草むらを歩いてえものを探す。かみついたえものに牙から毒を流しこんでまひさせ、毒でえものをスープ状にとかして吸う。人がかまれると激しく痛み、重症になる場合がある。

毒をもつ
節足動物
クモやサソリ、ムカデ、昆虫などの節足動物にも毒をもつ生き物がたくさんいます。

©Dr Morley Read/Shutterstock.com

毒は毒腺から牙の中の管を通って、牙の先からえものに流しこまれる。

クロドクシボグモ

●体長 20 ～ 50mm　◆ブラジル・アルゼンチン北部　★あご

強い神経毒をもち、刺激するとすぐにかみついて、牙から毒を流しこむ。夜、昆虫などのえものを探しに家に入ってきて、人がかまれてしまうこともある。

●：大きさ　◆：生息地　★：毒のある場所

神：神経毒→ 36 ページ　細：細胞毒→ 38 ページ　血：血液毒→ 40 ページ　ア：アレルギー→ 42 ページ

ヨコヅナサシガメ ア

●体長 16～24mm ◆本州中部以西、四国、九州
★口吻

細くてするどいくちばしをガの幼虫などのえものにさして、消化液を流しこみ、えものをスープ状にとかして吸う。人がさされるととても痛く、消化液に対してアレルギー反応が出る。

くちばしは、前後に動かすことができ、ふだん右のように頭の下に折りたたまれている。

上写真提供：理科教材データベース（岐阜聖徳学園大学）

トビズムカデ ア

●体長 110～130mm ◆東アジア（中国、韓国など）、本州以南 ★あご

日本最大級のムカデで、牙でかみついて毒を流しこみ、えものをまひさせる。人がかまれると、発熱や頭痛をおこすこともあり、何度もかまれるとアレルギーの症状がひどくなる。

触角
毒牙

左右に開くあごには毒牙がある。左図は頭部を下から見たもの。

オブトサソリ 神

●体長約 150mm ◆アフリカ北部～中東 ★尾の針

昼間は、岩のかげやすき間にひそみ、夕方ごろから活動して昆虫などを狩る。えものをはさみでとらえ、尾の先の針をさして強い神経毒を流しこみ、まひさせてしとめる。

毒腺を取り囲む筋肉が収縮すると、針からえものへ毒が流れこむ。

©Protasov AN/Shutterstock.com

毒の強さ ●●●：重度の被害で死ぬこともある（すぐ病院に） ●●：死ぬことはないが、重度の被害が出る（病院に）
●：応急手当や軽度の被害ですむことが多い（場合によっては病院に）

毒をもつ海の生き物

毒をつかって狩りをする生き物は、陸だけではなく海の中でも見られます。

カツオノエボシ 神 血

●直径約13cm、触手の長さ最大50m
◆世界の温帯、熱帯地域の海 ★触手の刺胞

水面上の空気の入った気胞体で海をただよいながら、水面下にのびる長い触手にふれたえものに刺胞をさし、毒を流しこんでとらえる。人がさされるとしびれるような痛みを感じることから「デンキクラゲ」ともいう。

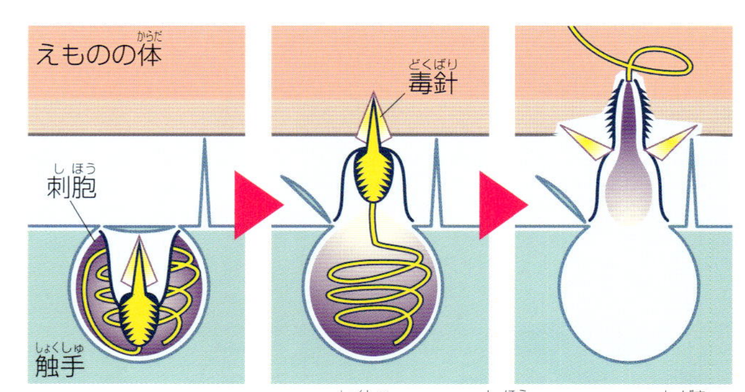

クラゲやイソギンチャクの触手には、「刺胞」という、刺激を受けると毒針を出す細胞がある。

写真提供：沖縄県衛生環境研究所

ウンバチイソギンチャク 血

●直径15～25cm ◆沖縄以南、西太平洋～インド洋
★触手の刺胞

昼間は海藻のかたまりのような姿で、夜になると触手をのばす。触手にふれた小魚などに刺胞の毒針をさして毒を流しこみ、動けなくして丸のみする。世界のイソギンチャクの中で最強の毒をもつといわれる。

●：大きさ ◆：生息地 ★：毒のある場所

神：神経毒→36ページ 細：細胞毒→38ページ 血：血液毒→40ページ ア：アレルギー→42ページ

ヒョウモンダコ 神

●全長約10cm ◆房総半島以南、小笠原諸島、南西諸島 ★くちばし

岩やサンゴのすき間にすみ、刺激を受けると体の色を変えて相手をおどす。えものとなるカニやエビなどを腕でおさえこみ、腕の付け根にある口でかみついて、毒のあるだ液でまひさせる。

腕の付け根にするどいくちばしがある（矢印）。

ふだん茶色い筋の上に青いもようがあり（左）、刺激すると体が黒ずみ、青いもようがあざやかな青緑色になる（上）。

ヒョウモンダコ3点とも写真提供：新江ノ島水族館

写真提供：新江ノ島水族館

アンボイナガイ 神

●殻高約15cm ◆伊豆諸島以南、インド洋、西太平洋 ★歯（歯舌）

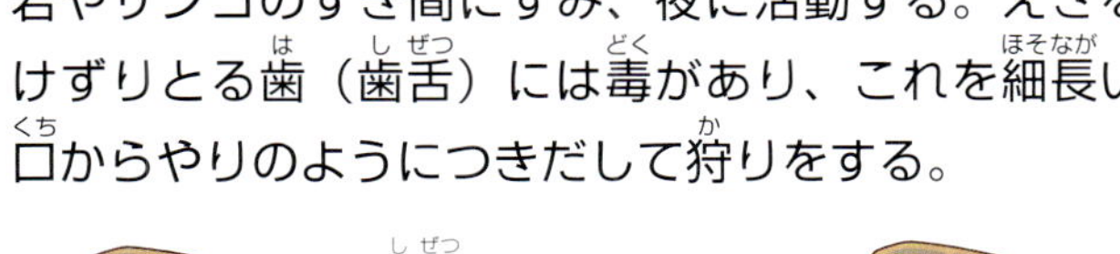

岩やサンゴのすき間にすみ、夜に活動する。えさをけずりとる歯（歯舌）には毒があり、これを細長い口からやりのようにつきだして狩りをする。

①夜ねている小魚に近づく。

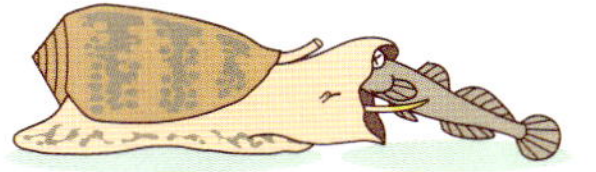

③小魚を引き寄せ、口をあける。

②口から出した歯舌をつきさしてまひさせる。

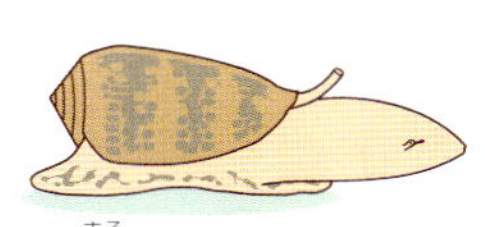

④丸のみにする。

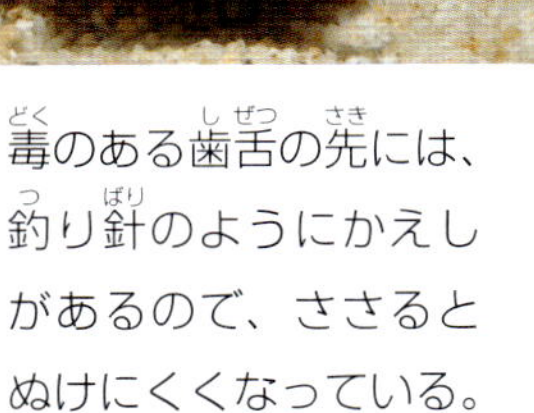

かえし

毒のある歯舌の先には、釣り針のようにかえしがあるので、ささるとぬけにくくなっている。

左写真提供：沖縄県衛生環境研究所

毒の強さ ：重度の被害で死ぬこともある（すぐ病院に） ：死ぬことはないが、重度の被害が出る（病院に）
：応急手当や軽度の被害ですむことが多い（場合によっては病院に）

毒をつかって身を守る動物

体の中や表面に毒があることで、毒をいやがる敵におそわれにくくなります。なかには、毒爪や毒針でおそってきた敵に反撃して身を守るものもいます。

毒をもつほ乳類

ヒトをふくむほ乳類のなかまで毒をもつものは、数種しか知られていません。

スローロリス  

●体長 25 ～ 37cm　◆アジア東南部　★毛

ひじの近くから分泌される体液は、だ液とまざると毒になる。舌で毛づくろいしながら毒を全身にぬる。毒は病気の原因になる寄生虫を防ぐとされている。

© Johncarnemolla | Dreamstime.com

カモノハシ

●全長 45 ～ 60cm（おす）、39 ～ 55cm（めす）　◆オーストラリア東部、タスマニア

★おすの後ろ足の爪

鳥のカモのようなくちばしをもち卵を産むが、ほ乳類のなかま。おすだけが毒を出す蹴爪をもち、敵への攻撃やおす同士のなわばり争いのときにつかう。イヌくらいの大きさの動物なら一撃で死んでしまうこともある。

毒は後ろ足のふとももあたりの毒腺でつくられる。毒の出る蹴爪は、ふだん皮ふのたるみで見えない。

●：大きさ　◆：生息地　★：毒のある場所

神：神経毒→ 36 ページ　細：細胞毒→ 38 ページ　血：血液毒→ 40 ページ　ア：アレルギー→ 42 ページ

毒鳥

毒をもつ鳥は、一昔前まで伝説の生き物でしたが、南太平洋にあるパプアニューギニアで1992年に発見され、今までに数種が確認されています。

ズアオチメドリ   

●全長約25cm　◆パプアニューギニア
★羽、皮ふ

毒のある甲虫などを食べ、その毒を羽や皮ふにためている。毒によって、敵からねらわれにくくしたり、病気の原因になる寄生虫を防いだりすると考えられている。

©feathercollector/Shutterstock.com

毒をもつ鳥はほかに、チャイロモズツグミ（左）、カワリモリモズなどが知られている。

猛毒をもつ伝説の鳥

毒をもつ鳥の存在は、1992年にパプアニューギニアでズアオチメドリが発見される前までは、伝説とされていました。中国の伝説に「鴆」という毒鳥がいます。ワシくらいの大きさで、首やあしが長く、くちばしは赤い色をしていたそうです。毒ヘビを食べるため、全身に毒をもつとされ、その毒は「鴆毒」とよばれました。今から2500年以上前の中国の本にも記されていましたが、架空のものだったようです。

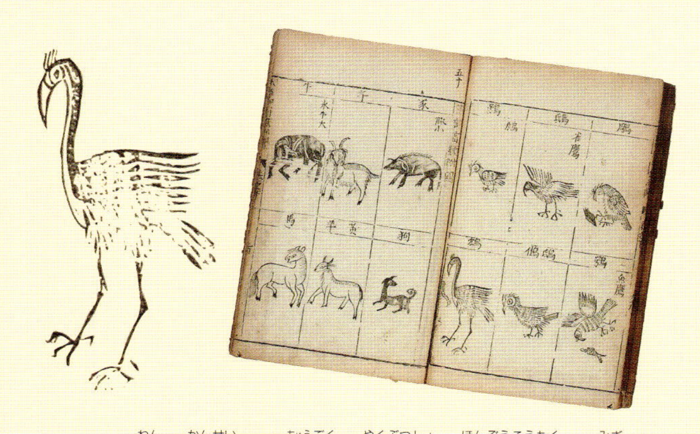

1578年に完成した中国の薬物書『本草綱目』（右）に描かれた鴆（左）。

国立国会図書館所蔵

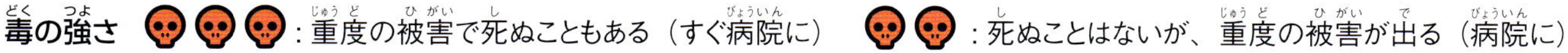

毒の強さ　：重度の被害で死ぬこともある（すぐ病院に）　：死ぬことはないが、重度の被害が出る（病院に）
：応急手当や軽度の被害ですむことが多い（場合によっては病院に）

キイロヤドクガエル　神

●体長 37 ～ 47mm　◆コロンビア　★皮ふ

しめった森の中で昼間活動する。毒をもつアリやダニを食べ、これに由来する毒を皮ふ腺から出し、派手な色で毒をもつことを敵に知らせている。「ヤドク(矢毒)ガエル」とは、南アメリカの先住民が矢の先に、この毒をぬっていたことから名付けられた。

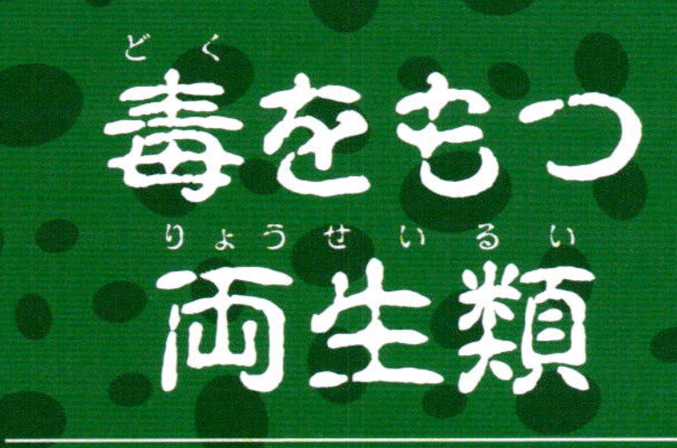

毒をもつ両生類

皮ふから毒を出すものが多くいます。もしさわってしまったら、手をあらいましょう。

Photo by ©Tomo.Yun(http://www.yunphoto.net)

アカハライモリ　神

●全長 7 ～ 14cm　◆本州、四国、九州　★皮ふ

池や小川の中に生息し、陸にもあがる。耳腺や皮ふ腺から毒を出す。さわっただけでは毒の症状は出ないが、さわった手で口や目にふれると激しい痛みを感じる。

ニホンヒキガエル　

●体長 8 ～ 18cm　◆本州近畿以西、四国、九州など　★皮ふ

海岸から高山まで広く生息する。耳腺や皮ふ腺から毒を出すので、カエルを食べるヘビでもヒキガエルは食べないが、ヤマカガシ(→ 11 ページ)は好んで食べる。

目の後ろあたりにある耳腺から、白くねばりけのある毒を出す。

●：大きさ　◆：生息地　★：毒のある場所

：神経毒→ 36 ページ　：細胞毒→ 38 ページ　：血液毒→ 40 ページ　ア：アレルギー→ 42 ページ

毒虫

毒で身を守る昆虫は、種類によってさまざまな部位から毒を出します。ハチの毒は、「毒のカクテル」といわれるほど、いろいろな毒性をもっています。

ヒメツチハンミョウ 細 ☠

●体長 7～23mm ◆本州、四国、九州 ★あし

敵におそわれると、体を丸めて、節と節の間から毒液を出す。毒液にふれると、皮ふにやけどのような水ぶくれができる。

上写真提供：石川県ふれあい昆虫館

あしの節と節の間から黄色い毒液を出す。

オオスズメバチ 

●体長 26～44mm ◆北海道、本州、四国、九州、屋久島 ★腹部の針

日本産最大のハチで、平地から山地の森林などにすむ。毒針をもつのはめすだけで、人がさされると、激しい痛みを感じる。また、アレルギー反応によるアナフィラキシーショックで死亡することがある。

チャドクガ ア ☠

●体長約 25mm（終齢幼虫） ◆本州、四国、九州 ★毛

幼虫は群れをつくって、ツバキやチャノキなどの葉を食べる。全身の細い毛に毒があり、ふれただけでもさされて、強いかゆみなどを引きおこす。成虫の腹先の毛や、卵やまゆのまわりについた毛にも毒がある。

チャドクガの成虫

チャドクガの卵

毒の強さ ☠☠☠：重度の被害で死ぬこともある（すぐ病院に） ☠☠：死ぬことはないが、重度の被害が出る（病院に）
☠：応急手当や軽度の被害ですむことが多い（場合によっては病院に）

写真提供：新江ノ島水族館

毒をもつ海の生き物

サンゴや岩のすき間、砂底にかくれていることがあるので、気をつけましょう。

アカエイ 神

●全長約 1.5m　◆南日本、東アジア
★尾のとげ

ふだんは砂底にひそんで、近づいてきた小魚などを食べたり、敵から身をかくしたりしている。尾のとげには毒があり、人がさされると死ぬこともある。

毒のあるとげは尾の付け根近くの背側にあり、のこぎり状の歯があるので一度ささるとぬけにくい。

ミノカサゴ 神 細

●全長約 30cm　◆日本各地、西太平洋
★頭やひれのとげ

頭、背びれ、しりびれ、腹びれのとげに毒がある。敵が近づくと、ひれを広げておどす。おす同士のあらそいにも毒をつかう。

ひれを広げておどすミノカサゴ

●：大きさ　◆：生息地　★：毒のある場所

神：神経毒→ 36 ページ　細：細胞毒→ 38 ページ　血：血液毒→ 40 ページ　ア：アレルギー→ 42 ページ

写真提供：下関市立しものせき水族館　海響館

トラフグ  

●全長約 70cm　◆琉球列島をのぞく日本各地、東アジア　★内臓

肝臓や腸、卵巣などの内臓に毒がある。フグの種類によっては皮や筋肉に毒があるものもいる。天然のトラフグは毒をもつプランクトン（水中をただよう小さな生き物）を食べるため、その毒を内臓にためているが、養殖のトラフグは無毒のえさを食べるため、毒をもたない。

写真提供：新江ノ島水族館

ガンガゼ   

●殻径 6 ～ 7cm　◆相模湾以南、西太平洋～インド洋　★とげ

30cm にもなるとげにおおわれている。とげはもろく、皮ふにささると細かく折れて、皮ふの中に残る。人がさされると、筋肉のまひや呼吸困難をおこすこともある。

©NOAA

オニヒトデ   

●直径約 40cm　◆本州紀伊半島以南、西太平洋～インド洋　★とげ

腕は 11 ～ 16 本あり、体をおおう長さ 3cm 以上のとげに毒がある。人がさされると、激しく痛み、さされた部分がはれあがる。

スベスベマンジュウガニ   

●甲幅約 5cm　◆本州中部以南　★外骨格、筋肉

甲らは名前のとおり毛がなく、すべすべしている。甲らなどの体をおおう外骨格や筋肉に、フグの毒と同じ強い毒をもつ。人が食べると、手足や口などがしびれ、呼吸ができなくなって死ぬこともある。

ウナギには毒がある

夏の暑さを乗り切るため、土用の丑の日などに栄養のあるウナギを食べる習慣がありますが、ウナギの血には毒があることを知っていますか？　血が目に入るとひどい痛みを感じ、血を大量にのむと死んでしまうといわれています。しかし、この毒は熱すると無害なものに変わるため、焼いたり蒸したりすると、ウナギを食べることができます。

ニホンウナギ。全長 60cm。血をきれいにぬきとり、刺身にして食べる地域もある。

写真提供：新江ノ島水族館

ウナギのかば焼き。熱で無毒化して食べることができる。

毒の強さ　💀💀💀：重度の被害で死ぬこともある（すぐ病院に）　：死ぬことはないが、重度の被害が出る（病院に）

💀：応急手当や軽度の被害ですむことが多い（場合によっては病院に）

口にすると危険な植物

森や林、道ばたや公園などにも毒をもつ植物があるので、むやみに食べないようにしましょう。また、食材になる植物にも、毒をもつものがあります。

森や林で
見られる植物
食べられる山菜とまちがえて、有毒植物を食べて中毒をおこす事故が毎年おきています。

ヤマトリカブト 神

●高さ 80 ～ 180cm　◆本州　★全体

山地で見られ、夏に紫色の花をつける。根にとくに強い毒がある。モミジガサ（シドケ）などの食べることができる若葉とまちがえて人が食べると、中毒をおこす。

©rezkrr/Depositphotos.com

ドクゼリ 神

●高さ 60 ～ 100cm　◆北海道、本州、四国、九州　★全体

小川や池などの水辺で見られる。植物全体に毒があり、とくに地下茎に強い毒がある。若芽が、春の七草のひとつであるセリに似ているので、人がまちがえて食べて中毒をおこす。

ドクウツギ 神

●高さ 1 ～ 2m　◆北海道、本州　★全体

日当たりの良い山地で見られ、赤く甘ずっぱい実がなる。とくに実に強い毒があり、人がなめたり食べたりすると、中毒をおこして死んでしまうことがある。

●：大きさ　◆：生息地　★：毒のある場所

神：神経毒→ 36 ページ　細：細胞毒→ 38 ページ　血：血液毒→ 40 ページ　ア：アレルギー→ 42 ページ

道ばたで見られる植物

身近な場所にも毒をもつ植物がたくさんあり、なかにはふれるとかぶれるものもあります。

種子

トウゴマ  

●高さ 2 ～ 3m　◆インド、小アジア、北アフリカ原産　★全体

「ヒマ」ともいい、種子は工業用ヒマシ油の原料になる。とくに種子に強い毒があり、種子をかみつぶすと、口の中が熱くなってのどがはれる。これをのんでしまうと、腹痛やげりなどを引きおこし、死んでしまうこともある。

ドクニンジン 神

●高さ 1 ～ 1.5m　◆ヨーロッパ原産　★全体

とくに種子に強い毒がある。人が食べると、手足の先がまひしはじめ、やがて呼吸できなくなって死んでしまう。

ヒガンバナ 神

●高さ 30 ～ 70cm　◆北海道、本州、四国、九州、沖縄　★全体

田のあぜや川岸などで見られる。とくに球根（鱗茎）に強い毒があり、人が食べるとげりや神経まひを引きおこす。汁にふれると、かぶれる。

ヨウシュヤマゴボウ  

●高さ 1 ～ 2m　◆北アメリカ原産　★全体

道ばたや空き地で見られる。植物全体に毒があり、とくに根に強い毒がある。人が食べると、おう吐、げり、けいれん、心臓まひをおこして死ぬこともある。皮ふにふれるとかぶれることがある。

毒の強さ　：重度の被害で死ぬこともある（すぐ病院に）　：死ぬことはないが、重度の被害が出る（病院に）
：応急手当や軽度の被害ですむことが多い（場合によっては病院に）

公園や庭で見られる植物

花だんや街路に植えられた、きれいな花をさかせる植物にも、毒をもつものがあります。

キョウチクトウ 神

●高さ２～５m　◆インド原産　★全体

公園などに植えられていることがある。人が食べると、おう吐、げり、めまい、腹痛、心臓まひをおこして、死んでしまうこともある。また、枝や葉を傷つけると出てくる汁が目に入ると、涙が止まらなくなる。

スズラン 神

●高さ20～35cm　◆北海道、本州
★全体

春に出はじめた葉を、ギョウジャニンニクの葉とまちがえて食べて、中毒をおこす事故がおきている。スズランをいけたコップの水をのんで、中毒をおこした例もある。

フクジュソウ 神

●高さ15～30cm　◆北海道、本州、四国、九州　★全体

お正月の花として栽培もされ、「ガンジツソウ」ともいう。とくに根茎に強い毒がある。人が食べると、おう吐、呼吸困難、さらに心臓まひをおこすことがある。

●：大きさ　◆：生息地　★：毒のある場所

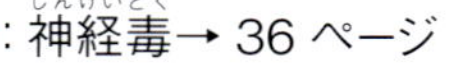

神：神経毒→36ページ　細：細胞毒→38ページ　血：血液毒→40ページ　ア：アレルギー→42ページ

イチイ 神 ☠☠☠

●高さ15～25m ◆北海道、本州、四国、九州
★葉、種子

庭木や生けがきとして植えられていることがある。果肉は食べられるが、果肉につつまれた種子をつぶして食べると、けいれんや呼吸困難を引きおこすことがある。

チョウセンアサガオ 神 ☠☠☠

●高さ約1.5m ◆インド原産 ★全体

正しいつかい方をすれば薬になるが、人が食べると中毒をおこす。根をゴボウ、葉をモロヘイヤ、花のつぼみをオクラとまちがえて食べ、中毒をおこした事故がおきている。

スイセン 神 ☠☠

●高さ20～40cm ◆本州、九州 ★全体

植物全体に毒があり、とくに球根（鱗茎）に強い毒がある。この毒は熱に強いため、熱しても毒がぬけない。葉をニラとまちがえて調理し、食べて中毒をおこすことが多い。人が食べると、消化管が刺激されて、おう吐やげりをおこす。

毒の強さ ☠☠☠：重度の被害で死ぬこともある（すぐ病院に） ☠☠：死ぬことはないが、重度の被害が出る（病院に）
☠：応急手当や軽度の被害ですむことが多い（場合によっては病院に）

食卓でも見られる植物

わたしたちが食べているものの中にも、時期や部位によって毒があるものがあります。

外果皮
中果皮（果肉）
核
内果皮（殻）
種子（仁）

かたい殻でおおわれた核の中には、種子がある。これを「仁」といい、毒がある。

ウメ

●高さ２～6m　◆中国原産　★葉、熟していない実、種子

「青梅」ともよばれる熟していない実を生で食べると、体内で消化されるときに毒が発生して、呼吸困難などを引きおこす。酒や塩、砂糖につけて解毒すると、食べることができる。

モモ

●高さ４～5m　◆中国原産　★熟していない実、種子

ウメと同じように、熟していない実や、核の中の種子を食べると、体内で毒が発生して、中毒をおこす。実の表面に生えている毛にふれると、皮ふに炎症をおこすこともある。

イチョウは子房のない裸子植物のため、実のように見えるのは種子。

イチョウ

●高さ10～30m　◆中国原産
★胚乳、外種皮

種子の中の胚乳は、少量なら食用になるが、食べすぎるとげりやけいれんなどを引きおこす。外側の黄色い果肉のような外種皮には独特のにおいがあり、ふれるとかぶれることがある。

アンズ

●高さ５～10m　◆中国北部原産　★熟していない実、種子

ウメと同じように、熟していない実や、核の中の種子を食べると、体内で毒が発生して、中毒をおこす。

●：大きさ　◆：生息地　★：毒のある場所

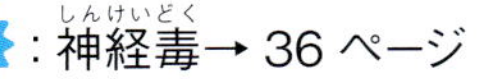

ズッキーニ  

●つる性　◆北アメリカ南部～メキシコ原産　★苦みのある実

ズッキーニやキュウリ、カボチャなどのウリ科の植物には毒があり、食用のものは毒の少ない品種を栽培している。まれに毒を多くふくむものがあり、食べると強い苦みを感じ、腹痛やげりなどを引きおこす。同じウリ科のニガウリ（ゴーヤ）の苦みは毒ではない。

ドクダミ  

●高さ 15 ～ 50cm　◆本州、四国、九州、沖縄
★全体

葉や茎などの煮汁には、光に反応する物質がふくまれるため、煮汁をたくさんのんで太陽の光をあびると、皮ふに炎症をおこすことがある。

ジャガイモ  

●高さ 60 ～ 100cm　◆中南アメリカ原産
★塊茎の芽や緑色になった皮、葉、茎

ふだん食べるのは、地中にのびる地下茎の先がふくらんだ塊茎という部分。塊茎は、太陽の光をあびると、皮が緑色になって芽を出し、ソラニンという毒をもつようになる。緑色になった皮や芽を十分に取りのぞけば食べることができる。

ニンニクの収穫

ニンニク 

●高さ約 60cm　◆中央アジア原産　★全体

ふだん食べるのは地中の球根（鱗茎）で、食べすぎると、胃腸炎になる。葉などの汁にふれると、皮ふ炎をおこすことがある。

あくぬきで解毒する

日当たりの良い草原などに生えるワラビの若葉は、春の山菜として知られています。しかし、発がん性の強い毒があるため、生でも煮ても食べることはできません。重曹や木灰を入れたお湯でワラビを煮て、毒を水にとけ出させることで無毒化しているのです。これは「あくぬき」といい、えぐみや苦みのもとになるあくも取りのぞくことができます。

重曹をとかした水につけたワラビの若葉

ワラビの入った
山菜おこわ

毒の強さ ：重度の被害で死ぬこともある（すぐ病院に）　：死ぬことはないが、重度の被害が出る（病院に）
：応急手当や軽度の被害ですむことが多い（場合によっては病院に）

さわると危険な植物

植物の中には、樹液や汁にふれると皮ふがかぶれてしまうものがあります。野山を歩くときや、庭の手入れをするときには、そでの長いシャツを着たり軍手をしたりして、注意する必要があります。

ヤマウルシの紅葉
Photo by ©Tomo.Yun
(http://www.yunphoto.net)

ヤマウルシ　ア

●高さ３～８ｍ　◆北海道、本州、四国、九州　★樹液

山地に生える。樹液にふれると、ひどくかぶれる。人によっては、近くを通ったり、ヤマウルシを焼いた煙をあびたりするだけで、かぶれることもある。

ヤマウルシ（円内上）やツタウルシ（円内下）は、秋に葉が、赤や黄に色づく。

ツタウルシ　ア

●つる性　◆北海道、本州、四国、九州　★樹液

木の幹や枝を支えに茎をのばすつる性の植物で、秋に葉が紅葉する。園芸用のキヅタとまちがえやすく、樹液にふれると、ひどくかぶれる。

クサノオウ　ア

●高さ 20 ～ 90cm　◆北海道、本州、四国、九州　★全体

草原や林のふちなどの日当たりの良い場所に生える。傷つけるとオレンジ色の汁が出て、さわるとかぶれる。食べると、胃腸の粘膜がただれて呼吸ができなくなることがある。

イラクサ　ア

●高さ 40 ～ 80cm　◆本州、四国、九州　★とげ

山地に生え、植物全体に細いとげ（刺毛）に毒がある。とげが皮ふにささると、折れて有毒成分が体内に入り、ハチにさされたように痛む。

●：大きさ　◆：生息地　★：毒のある場所

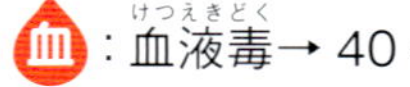

神：神経毒→ 36 ページ　細：細胞毒→ 38 ページ　血：血液毒→ 40 ページ　ア：アレルギー→ 42 ページ

クレマチス ア

●高さ 60 ～ 100cm ◆中国、南ヨーロッパ、南西アジア原産 ★汁

観賞用に栽培される。植物の汁が皮ふにつくと、水ぶくれ（水疱）ができる。食べてしまうと、腹痛や胃腸炎などをおこす。

チューリップ ア

●高さ 15 ～ 80cm ◆小アジア原産 ★球根（鱗茎）

観賞用に栽培される。球根（鱗茎）を傷つけると汁が出て、これにふれるとかぶれることがある。また、球根を食べると、おう吐をおこしたり心臓に影響を受けたりする。

チューリップの球根

アネモネ ア

●高さ 24 ～ 45cm ◆地中海西部、ヨーロッパ南部原産 ★全体

観賞用に栽培される。茎や葉を傷つけると汁が出て、皮ふにつくとかぶれる。また、食べると、腹痛や胃腸炎などをおこす。

ウルシと漆器

ウルシの樹液には、ヤマウルシと同じように、ふれるとかぶれる成分「ウルシオール」がふくまれています。ウルシオールには乾くとかたまる性質があるので、日本では今から約 9000 年前の縄文時代から木工品の接着剤や塗料としてつかわれてきました。日本の伝統工芸品の漆器にもその技術が受けつがれています。

ウルシの幹に傷をつけ、にじみ出てきた樹液をかき集める。

塗料が十分に乾いていれば、漆器にさわってもかぶれない。

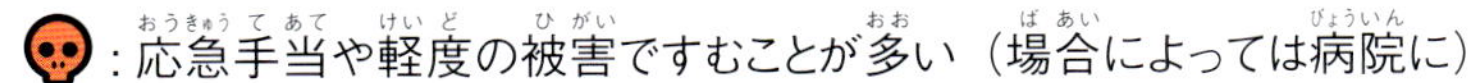
毒の強さ ：重度の被害で死ぬこともある（すぐ病院に） ：死ぬことはないが、重度の被害が出る（病院に） ：応急手当や軽度の被害ですむことが多い（場合によっては病院に）

毒をもつキノコ

キノコには、シイタケなどおいしく食べられるものと、ベニテングタケなど毒があって食べられないものがあります。食用キノコによく似た毒キノコがあり、キノコを見分けるには知識が必要です。

ドクツルタケ   

●高さ14～24cm、かさの直径6～15cm
◆日本各地　★全体

ブナなどの広葉樹林や、マツなどの針葉樹林の地上に生える。「シロコドク」「テッポウタケ」ともよばれる。人が食べると6～12時間後に腹痛やげりなどをおこし、一度症状がおさまるが、やがて内臓の細胞が破壊され、死んでしまう。

昼間のツキヨタケ

ツキヨタケ 細

●高さ1.5～2.5cm、かさの直径10～25cm
◆北海道、本州、四国、九州　★全体

ブナやナラなどの枯れ木や切り株に生え、夜に黄緑色に光る。シイタケやヒラタケにまちがえることが多い。人が食べると、30分ほどでげりやおう吐などをおこす。

ベニテングタケ 神

●高さ10～24cm、かさの直径6～15cm
◆北海道から中部地方にかけて多い　★全体

シラカンバ（シラカバ）などのカバノキ科の林の中に生えることが多い。昔はハエ取りの毒としてつかわれていたので、「アカハエトリ」ともよばれる。人が食べると30分～1時間後に幻覚や意識混乱などをおこし、ひどいときは意識不明になることもある。

●：大きさ　◆：生息地　★：毒のある場所
神：神経毒→36ページ　細：細胞毒→38ページ　血：血液毒→40ページ　ア：アレルギー→42ページ

コレラタケ   

●高さ６～９cm、かさの直径２～５cm
◆本州　★全体

朽ち木やくさった落ち葉、古いおがくずの上に生える。ナメコやクリタケとまちがえやすい。食べてから症状が出るまでの時間が６～ 12 時間と長く、げりやおう吐の症状が出る。

カエンタケ   

●高さ３～ 13cm　◆日本各地　★全体

ブナやコナラなどの広葉樹の枯れ木や切り株に生える。炎のような色や形からこの名前がついた。食べるとげりやおう吐をおこし、ひどいときは死ぬこともある。ふれただけで皮ふに炎症をおこすこともある。

ドクササコ   

●高さ３～５cm、かさの直径５～ 10cm
◆本州　★全体

タケ林やコナラなどの雑木林の地上に生える。ナラタケ（右）やチチタケなどと似ている。人が食べると、６時間～１週間後に手足の先がはれ、激しく痛む。症状が１か月以上続くこともある。

ナラタケ

お酒をのむと毒になるキノコ

ヒトヨタケには「コプリン」という毒がふくまれていますが、このキノコを食べただけでは毒の症状は出てきません。お酒をのむときにいっしょに食べると、中毒症状が出る不思議なキノコなのです。コプリンによってお酒にふくまれるアルコールを分解する体のはたらきが悪くなるので、ヒトヨタケを食べると、アルコールの分解が進まず、どんなにお酒に強い人でも頭痛や吐き気などの二日酔いの症状があらわれます。

ヒトヨタケを食べた４～５日後にお酒をのんでも、毒の作用で二日酔いの症状が出ることもある。

毒の強さ　💀💀💀：重度の被害で死ぬこともある（すぐ病院に）　：死ぬことはないが、重度の被害が出る（病院に）
💀：応急手当や軽度の被害ですむことが多い（場合によっては病院に）

毒をもつ細菌

細菌や細菌の出す毒のついた食品を食べることで、中毒をおこすことがあります。調理や食事の前には、かならず手をあらい、食品に細菌やその毒をつけないようにしましょう。

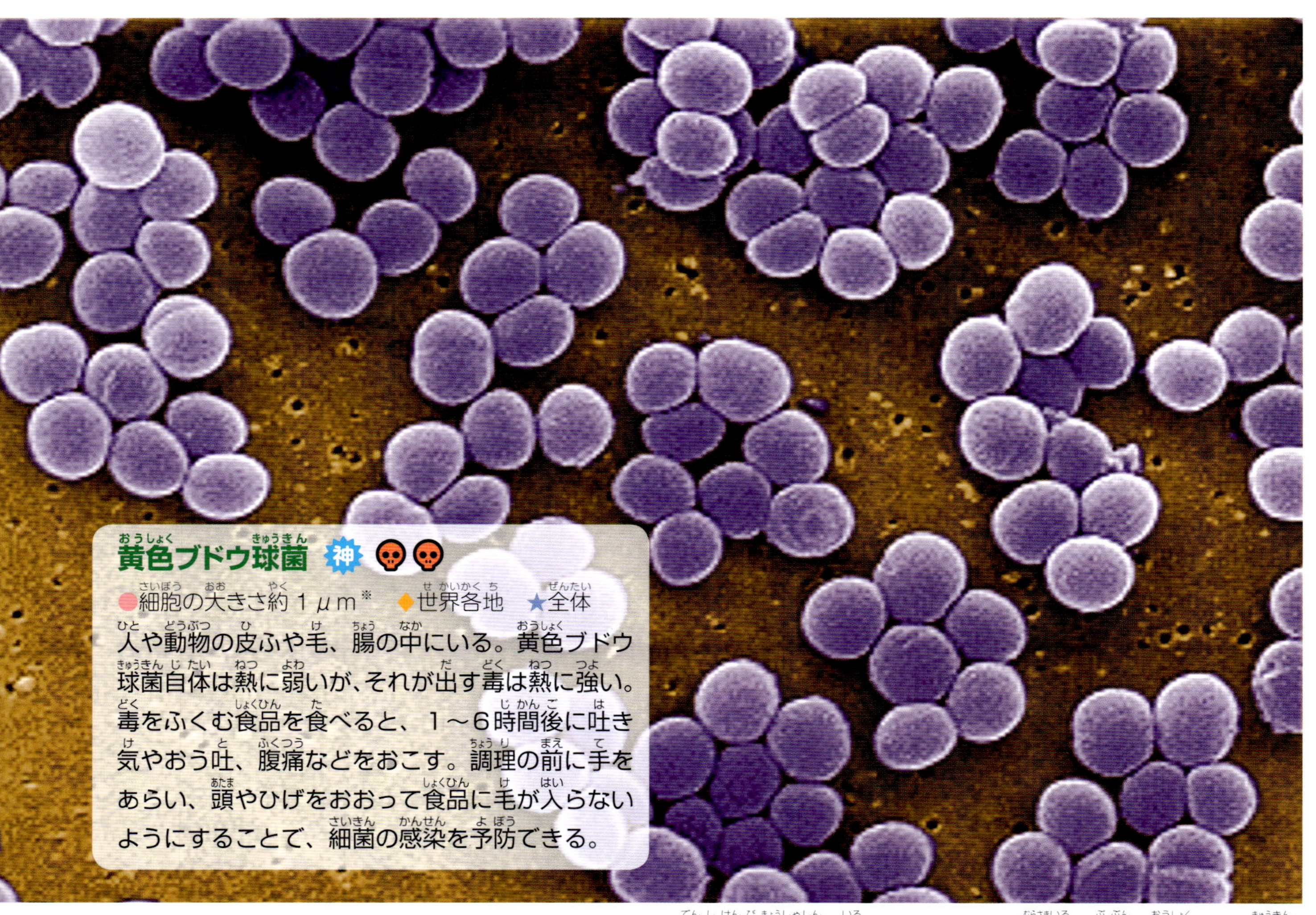

黄色ブドウ球菌 神

●細胞の大きさ約１μm※　◆世界各地　★全体

人や動物の皮ふや毛、腸の中にいる。黄色ブドウ球菌自体は熱に弱いが、それが出す毒は熱に強い。毒をふくむ食品を食べると、１～６時間後に吐き気やおう吐、腹痛などをおこす。調理の前に手をあらい、頭やひげをおおって食品に毛が入らないようにすることで、細菌の感染を予防できる。

電子顕微鏡写真に色をつけたもので、紫色の部分が黄色ブドウ球菌。

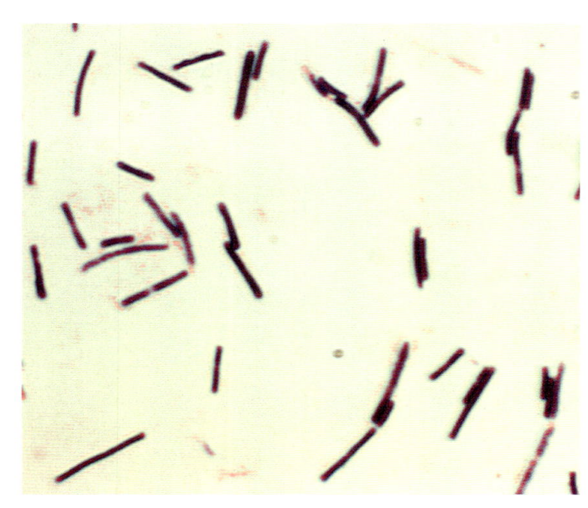

ウェルシュ菌 神

●細胞の大きさ３～９μm
◆世界各地　★全体

土の中や、海底・川底のどろや砂の中、生き物の腸の中にいる。熱に強く酸素のないところでもふえるため、煮物やカレーなどの煮こみ料理も注意が必要。この細菌の毒をふくむ食品を食べると、6～18時間後にげりや腹痛をおこす。

まぜながら火にかけて、全体に酸素をいきわたらせると、ウェルシュ菌の増殖がおさえられる。

●：大きさ　◆：生息地　★：毒のある場所　※１μm＝1000分の1mm

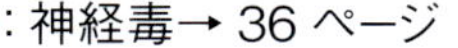

神：神経毒→36ページ　細：細胞毒→38ページ　血：血液毒→40ページ　ア：アレルギー→42ページ

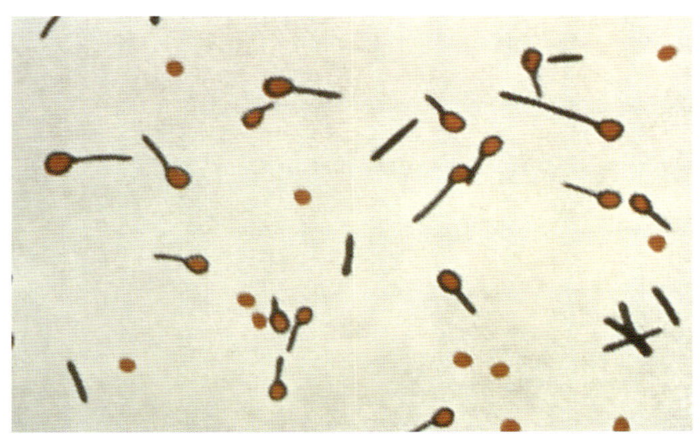

破傷風菌 神 💀💀💀

●細胞の大きさ3～6μm ◆世界各地 ★全体

おもに土の中にいる。傷口などから体内に入ると、数日から数週間後に症状が出て、けいれんや呼吸困難をおこし、死ぬこともある。

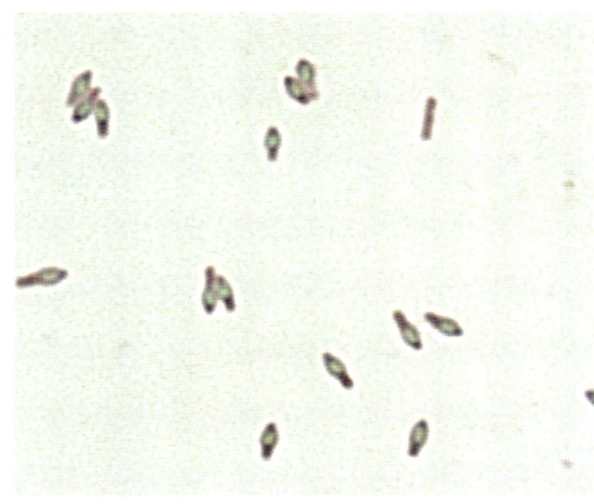

ボツリヌス菌 神 💀💀💀

●細胞の大きさ約5μm ◆世界各地 ★全体

土の中や、海底・川底のどろや砂の中にいる。熱に強く酸素のないところでもふえるため、缶づめや真空パックなどの密閉された加工食品の中でもふえる。毒のついた食品を食べると、吐き気や筋力の低下などの症状があらわれ、呼吸困難などを引きおこす。

アスペルギルス・フラバス   

●25～45μm、分生子直径3～6μm
◆世界各地 ★全体

トウモロコシやピーナッツなどにつくカビの一種で、分生子によってふえる。自然界で発がん性がもっとも強いとされる毒をつくる。この毒のついた食品を食べると、肝臓がんを引きおこすことがある。

医療や美容につかわれる細菌の毒

ボツリヌス菌のつくる毒は、自然界で最強ともいわれていますが、医療や美容に利用されています。筋肉をゆるめるはたらきがあるため、筋肉のけいれんや緊張をやわらげたり、顔の筋肉を動きにくくしてしわができにくくしたりできるのです。また、汗を出す神経をはたらきにくくして、汗の量をおさえることもできます。しかし、副作用も報告されているため、つかい方には注意が必要なようです。

左右のまゆの間や目じりなどに、加工されたボツリヌス菌の毒を注入して、しわをできにくくする。

毒の強さ 💀💀💀：重度の被害で死ぬこともある（すぐ病院に） ：死ぬことはないが、重度の被害が出る（病院に）
💀：応急手当や軽度の被害ですむことが多い（場合によっては病院に）

コラム いちばん強い毒は何？

生き物の種類やあたえ方によっても、毒の影響が変わるため、毒の強さをくらべるのは、とても難しいことです。それでも仮に、実験などによってわかった LD_{50}（半数致死量）の値にランキングをつけると、下の表のようになります。ここでは LD_{50} の数値がわからない場合、最小致死量といって、あたえたときに死ぬことがあるもっとも少ない量を示しています。また、身近な物の LD_{50} をその下の表に示しています。どれも食べすぎると害になるということです。

自然界の毒の強さランキング

それぞれラットの経口投与の数値

順位	毒の名前	LD_{50}（mg/kg）	毒をもつ生き物
1	ボツリヌストキシン	0.0000003*	ボツリヌス菌（細菌）
2	テタヌストキシン	0.0000017*	破傷風菌（細菌）
3	マイトトキシン	0.00005	藻類、サザナミハギ **（魚類）
4	リシン	0.0001	トウゴマ（植物）
5	シガトキシン	0.00035	藻類、バラフエダイ **、バラハタ **（魚類）
6	パリトキシン	0.00045	藻類、スナギンチャク、ブダイ **（魚類）
7	バトラコトキシン	0.002	ヤドクガエル（両生類）
8	サキシトキシン	0.0034	藻類、貝類
9	テトロドトキシン	0.01	細菌、フグ **（魚類）
10	*d* - ツボクラリン	0.03	クラーレ（植物）
11	ウミヘビ毒	0.1*	ウミヘビ（は虫類）
12	アコニチン	0.12	トリカブト（植物）
13	アマニチン	0.4	タマゴテングタケ（キノコ）
14	コブラ毒	0.5	コブラ（は虫類）
15	フィゾスチグミン	0.64	カラバルマメ（植物）

毒物としてよく知られる青酸カリウムの LD_{50} 値は 10mg/kg。最強毒であるボツリヌストキシンの最小致死量は、その 3000 万分の1で、とんでもない猛毒であることがわかる。

＊：最小致死量

＊＊：もともとは有毒ではなく、有毒な藻類を食べて毒化したときに有毒になる生き物。

身近な物の半数致死量

名前	LD_{50}（mg/kg）
塩化ナトリウム（食塩）	3000
カフェイン（茶・コーヒーなど）	200 ～ 400
エタノール（酒）	6200

カップ麺1杯に約5g（5000mg）の食塩が入っているものを、体重 50kg のヒトが一気に 30 杯食べると死ぬことがあるということになる。

第2章

毒の種類と作用

毒は、体の一部にはたらくものや
全身にはたらくもの、はたらく早さや
強さなど、さまざまな基準で分けられます。
どんな毒があるのか見ていきましょう。

神経毒とその作用のしかた

全身にはりめぐらされた神経は、脳からの命令を体に伝えて手足を動かしたり、暑さや寒さ、痛みなどの刺激を脳に伝えたりするはたらきをしています。神経に作用し、神経系が正しくはたらかないようにするのが「神経毒」です。

体にはりめぐらされる神経

人の体にある神経は、手や足、皮ふ、目や耳、鼻などに受けた刺激などを脳や脊ずいに伝え、脳や脊ずいからの命令を体中に伝えます。また神経には、体を動かしたり、ものを感じたりするなど、意識とともにはたらく神経と、呼吸や心臓の動きなど意識とは関係なくはたらく神経があります。

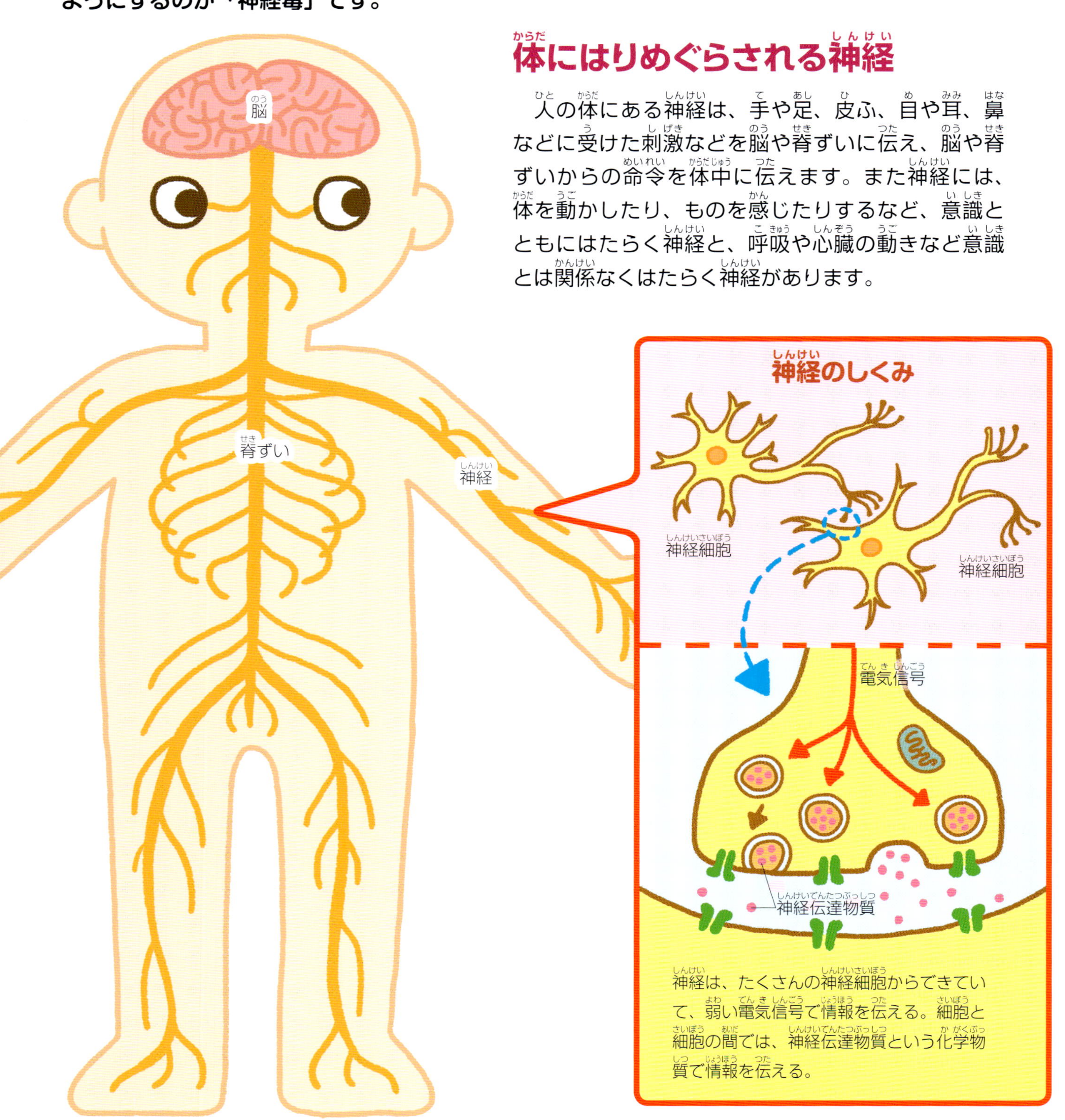

神経は、たくさんの神経細胞からできていて、弱い電気信号で情報を伝える。細胞と細胞の間では、神経伝達物質という化学物質で情報を伝える。

情報が伝わるのをじゃまする神経毒

神経細胞で電気信号が伝わるしくみに作用する神経毒に、フグ毒のテトロドトキシンや、トリカブト毒のアコニチンなどがあります。神経で正しく電気信号を送ることができないと、けいれんや呼吸困難などになってしまうのです。

テトロドトキシンでは、食べて20分～3時間ぐらいでくちびる、舌、指先がしびれて、頭痛や腹痛、激しいおう吐などの症状がおこります。視覚、聴覚、触覚などの知覚がなくなり、言葉も話せず、やがて呼吸ができなくなって、体も動かせずに、食べてから4～6時間で心臓が止まって死んでしまうことがあります。

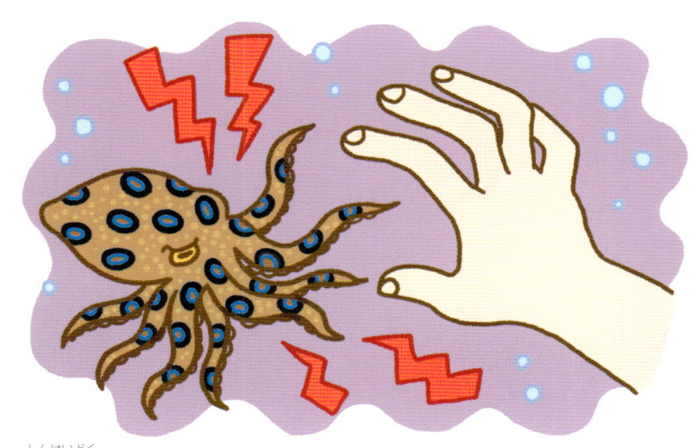

神経毒のテトロドトキシンは、フグやヒョウモンダコ、アカハライモリなどがもつ。加熱してもこわれず、解毒剤もないので、体内に入ったら、すぐに病院で人工呼吸や点滴などの治療を受ける必要がある。

神経に伝わる情報をだます神経毒

神経伝達物質が伝わるしくみに作用する神経毒に、チョウセンアサガオからとれるアトロピンや、吹き矢につかわれるクラーレという毒などがあります。神経伝達物質は、神経や細胞を興奮させたり、しずめたりします。毒が神経伝達物質のかわりに神経に作用すると、体から脳に伝わるさまざまな情報や、脳や脊ずいから体への命令が正しく伝わらずに、筋肉のけいれんや、まひなどがおこります。

ウミヘビの毒は、神経伝達物質であるアセチルコリンの伝達をじゃまするため、筋肉を収縮する命令が伝達されなくなり、筋肉がゆるんで、全身がまひして動けなくなります。

神経毒をもつウミヘビにかまれた場合には、体が動かせなくなっておぼれる人も多い。

脳には作用しない神経毒

フグ毒のテトロドトキシンやウミヘビの毒は、脳には作用しないため、体がまひして動かなくなっても、意識ははっきりとしています。これらの毒が脳に作用しないのは、血液の中にある悪いものが脳へ入らないようにはたらく脳関門（血液脳関門）があるためです。テトロドトキシンやウミヘビの毒は、脳関門を通れないため、脳は最後まではたらくと考えられています。

タバコのニコチンやお酒のアルコール、麻薬などは血液脳関門を通りやすく、脳に障害をあたえやすい。

細胞毒とその作用のしかた

体を形づくる細胞や、細胞の材料であるタンパク質をこわしたり、細胞の中にある体の設計図であるDNAに傷をつけたりするのが「細胞毒」です。

人の体を形づくる細胞

人の体は、皮ふでおおわれていて、その下に筋肉があり、骨を支えています。その骨や筋肉の内側に、脳や心臓、肺や腸といった生きていく上で重要なはたらきをする臓器があります。これらの骨や筋肉、内臓、血液、神経などは、すべて小さな細胞が集まってできています。人の体の細胞は、細胞膜といううすい膜でつつまれていて、血液が運んできた栄養分をもとに、生きていくのに必要なエネルギーをつくっています。

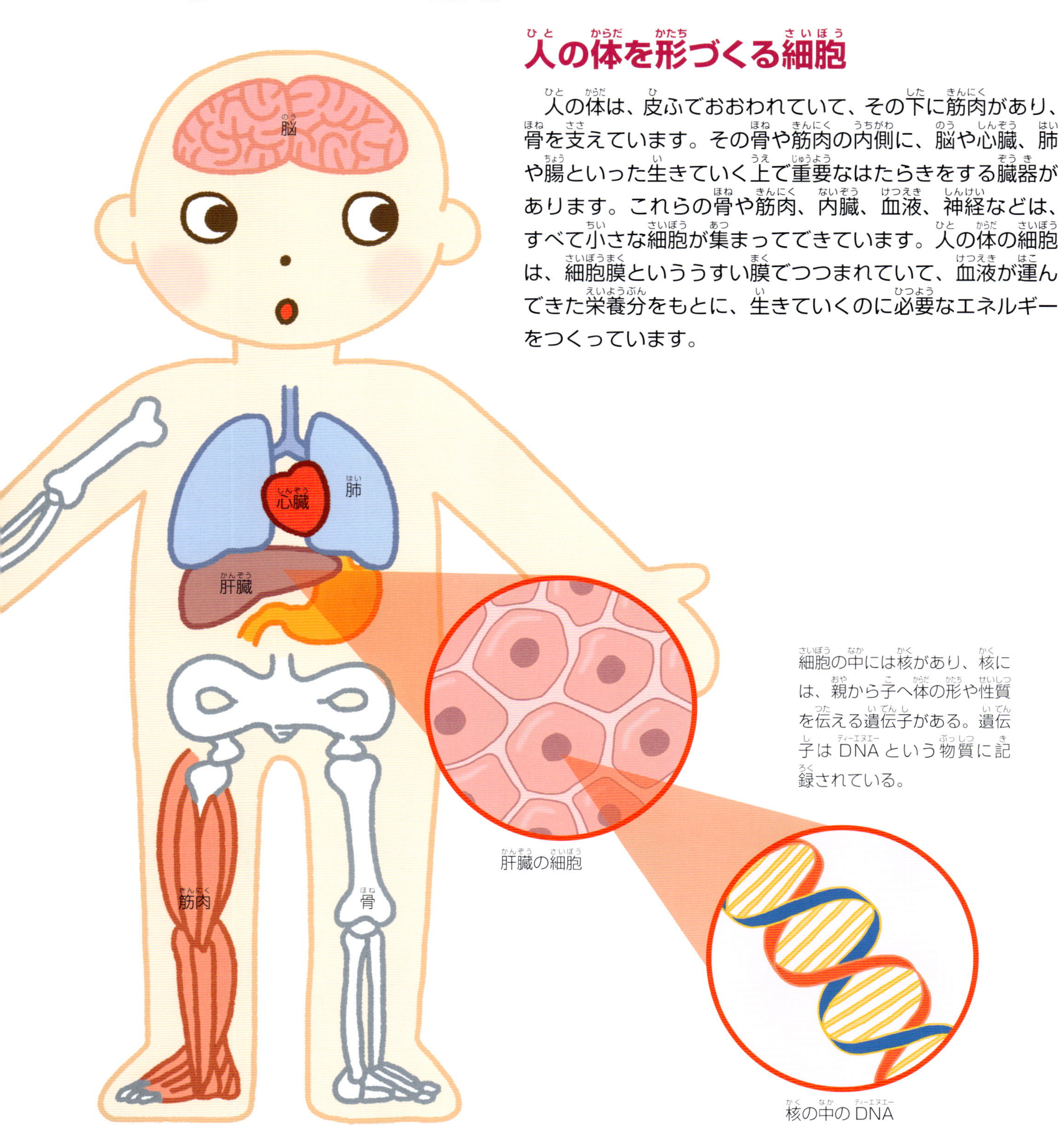

細胞の中には核があり、核には、親から子へ体の形や性質を伝える遺伝子がある。遺伝子はDNAという物質に記録されている。

肝臓の細胞

核の中のDNA

細胞に穴をあける細胞毒

細胞をつつんでいる細胞膜を破壊する毒を「細胞毒」といいます。細胞膜に穴があくと、中身が流れ出て、細胞がこわれます。細胞毒をもつ生き物にかまれたりさされたりすると、筋肉の一部が壊死することがあります。

また、青カビのつくるペニシリンは、人の細胞には作用しませんが、細菌がもっている細胞膜の外側にある細胞壁をとかします。すると、細菌の細胞から中身が流れでて死んでしまうのです。

細胞毒によって細胞がこわれる。毒の作用が広範囲にわたると、体の一部が死んでしまう。

時間差で症状があらわれる細胞毒

トウゴマの種子にふくまれるリシンやO157（腸管出血性大腸菌）のベロ毒素は、細胞の中でタンパク質がつくられるのをじゃまし、細胞をこわす細胞毒です。タンパク質は、筋肉や血液など体をつくる材料となる大切な物質です。リシンが体内に入ると、口やのどが焼けるように感じ、腹痛やげりをおこしたり、吐いたりすることもあります。また、胃腸から血が出たり、呼吸ができなくなったりします。

神経毒にくらべると、症状があらわれるまで時間がかかり、毒の量によってちがいますが、36～72時間で死ぬことがあります。

トウゴマの種子は、子どもだと1個、大人でも3個ほどをかみつぶして食べただけで、死んでしまうことがある。

生き物の設計図に作用する毒

ツキヨタケというキノコには、イルジンSという細胞毒がふくまれています。細胞の核の中にあるDNAに作用し、細胞がふえるのをじゃまします。そのため、実験ではがんがふえるのをおさえる作用があることがわかっています。

これとは反対に、カビ毒のアフラトキシンは、DNAを変えてしまうため、自然界の生き物がつくる毒の中でもっとも強い発がん性をもつといわれています。DNAに傷がつくと、正常な細胞ががん細胞に変わったり、そのあと生まれる子どもに影響が出たりすることがあります。

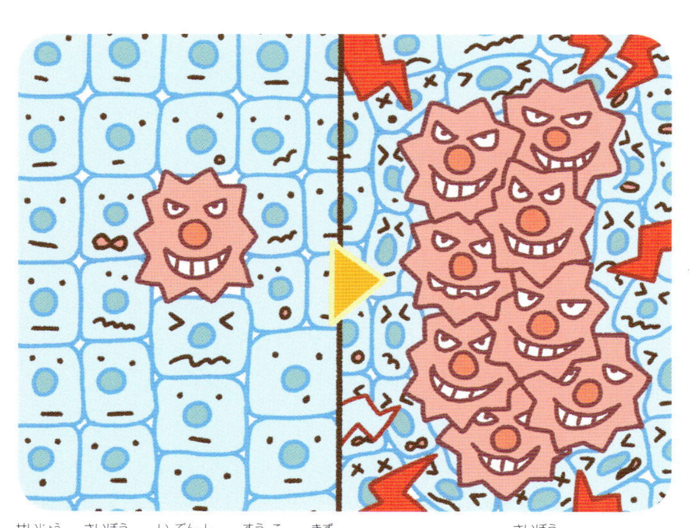

正常な細胞の遺伝子に数個の傷ができると、がん細胞になるという（左）。がん細胞は、体からの命令を無視してふえ続け、まわりの器官をこわしたり、がん細胞のかたまりをつくったりする（右）。

血液毒とその作用のしかた

血液に作用し、酸素を運ぶ赤血球のはたらきをじゃましたり、赤血球のかべをこわして溶血させたり、強い痛みやはれを引きおこしたりするのが「血液毒」です。

体全体をめぐる血液

血液は、心臓からいきおいよく押しだされて、体の中にはりめぐらされた血管を通って、酸素や栄養分を全身に運んでいます。血液は、液体の血しょうと固体の赤血球や白血球、血小板でできていて、赤血球は体中の細胞に酸素をとどけて不要な二酸化炭素を運び出し、白血球は体の中に入ってきた病気のもとになる細菌などをやっつけます。また、血しょうは栄養分やホルモンを体中にとどけ、血小板は傷口をふさぐ役目をしています。

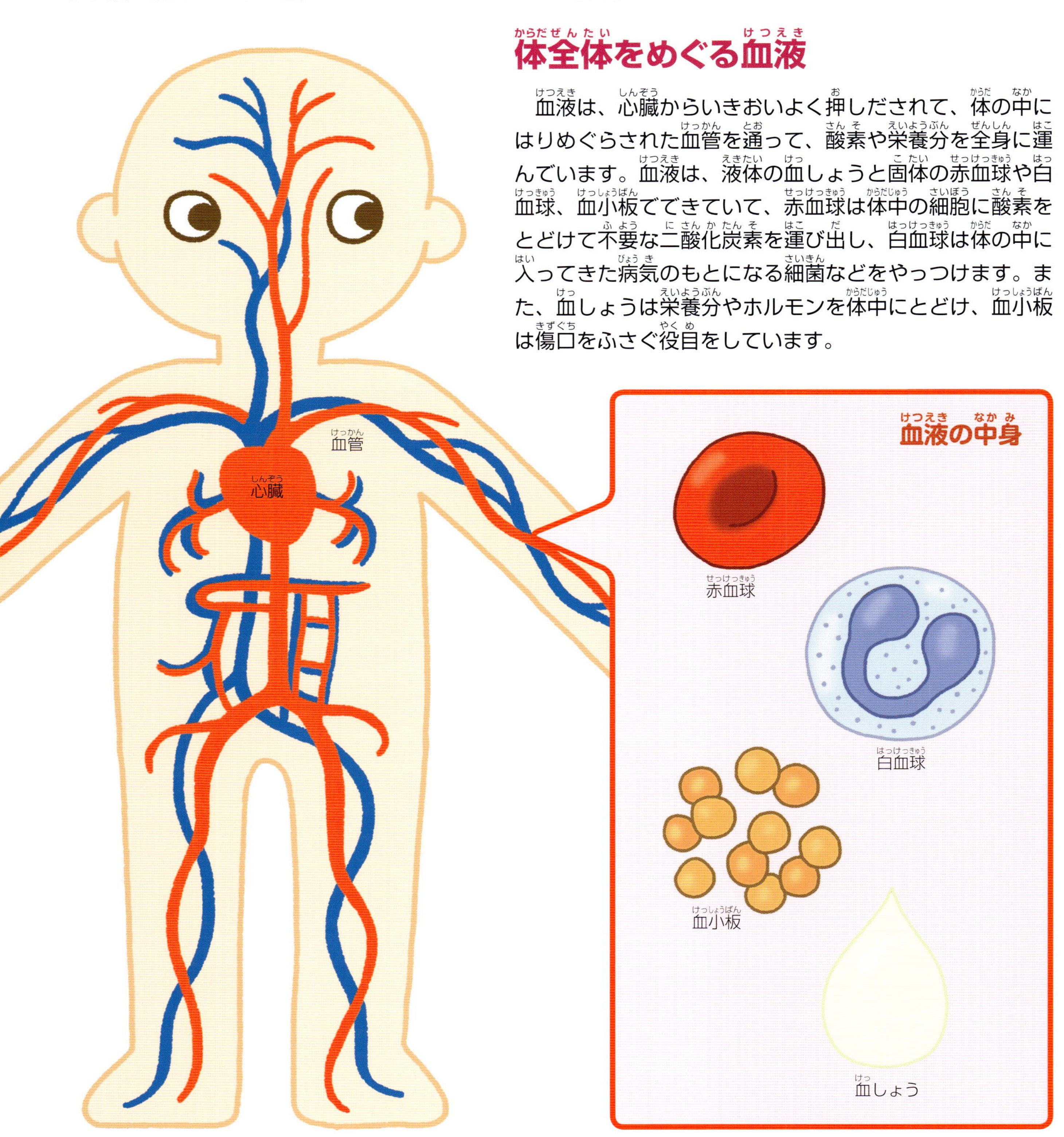

血液に作用するヘビの毒

マムシやハブなどは、血液に作用する血液毒をもっています。血液毒によって赤血球がこわれ、内臓や体の各部分の細胞に酸素を運べなくなり、細胞が死んでしまうのです。実は、石けんや洗剤などにつかわれる界面活性剤にもこうした作用があり、界面活性剤が直接血管に入ると赤血球がこわれてしまいます。

また、ヤマカガシの血液毒では、毒が血管の中に入ると、小さい血のかたまりができて血管をつまらせ、内臓の細胞が死んでしまうこともあります。その後、血液をかためる成分が不足して、ひどい皮下出血をおこします。

ハブなどのヘビ毒が急に血管に入った場合、痛みやはれは小さくても、皮下や消化管などで出血をおこしていることがあるので、すぐに病院でみてもらうことが必要となる。

体全体を酸欠にする毒

ウメやアンズ、モモなどの熟していない実や種子には、アミグダリンという成分がふくまれています。アミグダリンは体内で分解されると、青酸ガスを発生させ、赤血球が酸素を運ぶのをじゃまします。人の体に酸素が足りなくなると、頭痛や吐き気などがおこります。症状が重いと、けいれんがおきたり、呼吸が止まったりします。また、脳に酸素が足りない状態が続くと、命が助かっても脳に障害が残ることがあります。

生き物の毒ではありませんが、不完全燃焼などで発生する一酸化炭素も、吸いこんでしまうと、赤血球が酸素を運ぶのをじゃまします。

熟していないウメを食べると死んでしまう量は、子どもで100個、大人で300個ほどとされている。まちがえて少し食べたぐらいでは、死ぬことはないといわれている。

毒の分け方①

「神経毒」や「細胞毒」、「血液毒」といった毒の作用による分け方は、説明をかんたんにするためのものです。生き物によっては、神経毒と血液毒など2つ以上の毒の成分をもつことがあります。ハチの毒は、毒のカクテル（酒や果汁などをまぜたのみ物）といわれています。痛みやかゆみをおこす毒や、細胞膜や赤血球をこわす毒、神経をまひさせる毒などがまざっているからです。また、生き物によっては、どの成分が毒で、どのように作用するか、わかっていないものもあります。

ハチの毒には、さまざまな作用がある。

アレルギーと毒

アレルギーとは、わたしたちの体にとって悪いものが入ってきたとき、それらを取りのぞいて体を守ろうとするはたらき（免疫）によっておこるものです。

わたしたちの体を守るはたらき

わたしたちの体には、病気の原因となる細菌やウイルスなどが体の中に入ってきたときに、それらをやっつけようとするしくみがあります。これを「免疫」といいます。免疫では、いつも自分の体にあるものとちがうもの（抗原）を見つけると、それをやっつける抗体をつくって攻撃をします。

この免疫が、人の体質によっては、食べ物や花粉などの悪い作用をしないものまで攻撃してしまいます。これによって引きおこされるのが「アレルギー」です。アレルギーの原因となるものが体に入ると、ヒスタミンという物質が細胞から出されます。そのはたらきで、はれやかゆみなどをおこすのです。

アレルギー症状には、じんましんやかゆみ、目の充血やはれ、せきやくしゃみ、鼻水、鼻づまり、腹痛や吐き気、げりなどがある。

アレルギー物質が毒になる

昆虫がもつ毒には、ヒスタミンがふくまれていることが多く、さされたり、かまれたりすると、はれや痛み、かゆみを感じます。

また、一度スズメバチにさされると、免疫を受けもつ白血球が体に入ってきたもの（抗原）をおぼえて、次にさされたときに、もっと激しく攻撃します。すると、短い時間に、内臓もふくめた全身のさまざまな場所に同時に激しいアレルギーの症状が出ることがあります。そうした激しいアレルギーの症状を「アナフィラキシーショック」といいます。このように、体を守るはずの免疫がはたらきすぎると、いろいろなものが毒になる可能性があるのです。

アレルギーをもっている人が多い牛乳、卵、小麦、エビ、カニと、アナフィラキシーショックを引きおこすことが多いソバと落花生は、食べ物の材料につかわれる場合、アレルギー表示が義務づけられている。そのほかにも、リンゴやバナナなどのくだものや、牛肉や鶏肉など 20 品目が、表示したほうがよい食品とされている。

毒をつくる？ 毒をためる？

毒をもつ生き物たちは、すべて自分で毒をつくっているわけではありません。毒をつくる藻類や細菌などを食べてその毒を取りこみ、体にためる生き物もいます。

毒をつくる生き物

毒をもつヘビやサソリ、ハチ、キノコなどは、毒を自分の体内でつくります。毒のおもな材料は、生き物の体をつくる材料のひとつであるタンパク質やペプチドです。

また、毒をもつさまざまな植物は、アルカロイドやテルペノイドなどの毒をつくります。キハダやタバコなどのアルカロイドはおもに苦みの成分、ウコンやサフランなどのテルペノイドは人に対する毒性は強くありませんが、香りの成分にもなるものです。

植物の苦みや香りの成分は、動物に食べられにくくする効果がある。

毒をつくらず、ためる生き物

自分の体の中で毒をつくらないのに、毒をもっている生き物がいます。フグや貝などで、毒をもつ生き物を食べて、体内に毒をためているのです。

フグなどがもつテトロドトキシンという毒は、もともと細菌がつくるものです。まず貝などがこの細菌を食べて体に毒をため、次にこれをフグが食べると、フグの体に毒がたまっていきます。その量によって、毒の濃さが変わるため、自然のフグは季節によって毒の強さが変化します。

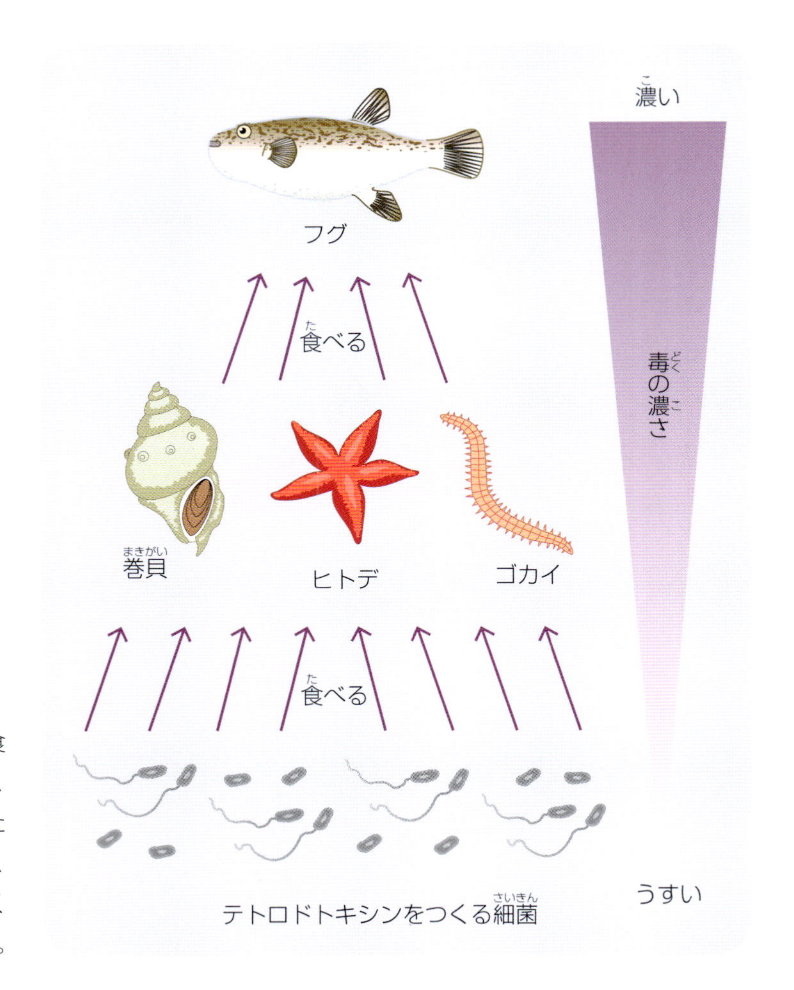

生き物の食物連鎖（食べたり食べられたりする関係）の中で、食べてしまった毒を外に出したり体内で解毒したりしないと、どんどん体に毒がたまって濃くなる。これを「生物濃縮」という。

早く効く毒、おそく効く毒

毒が体内に入って、すぐにその毒の症状があらわれるものもあれば、あるていど時間がたってから症状があらわれるものもあります。毒の種類によって、症状のあらわれ方が異なります。

すぐに作用する神経毒

毒の中で、もっとも早く作用するもののひとつが「神経毒」です。毒によって神経が脳からの命令を伝えられなくなれば、呼吸や心臓を動かす筋肉がすぐに止まるからです。こうした毒を、コブラのなかまのヘビやサソリ、クモなどはもっています。えものを動けなくしてつかまえやすくするために、すぐに作用する必要があるからだと考えられます。

神経毒でえものまひさせてとらえるイモガイ

しばらくしてから作用する毒

毒ヘビの中でも、日本にいるヤマカガシの毒は、体に入ってから作用するまで少し時間がかかります。ヤマカガシの場合、かまれてすぐ血が出るものの、はれや痛みはあまりなく、まれに頭痛がおこるくらいです。しかし、4～30時間たつと、鼻や歯ぐきなどから血が出たり、全身の皮ふの下で出血したりします。また、血管の中に血のかたまりができて内臓に血がいかなくなったり、脳の中で血が出たりして、かまれて数日もたってから死んでしまうことがあります。

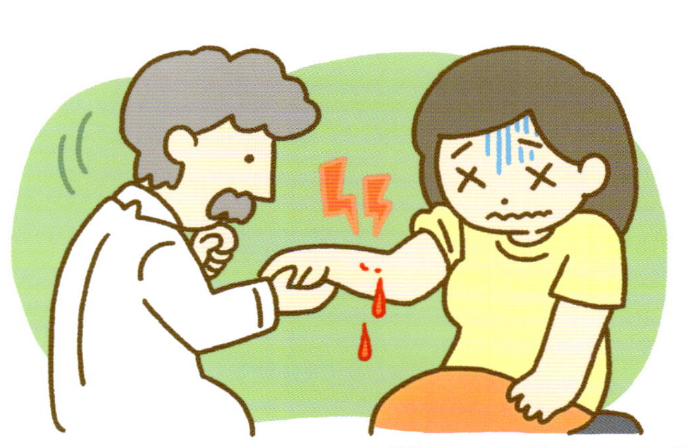
マムシやヤマカガシなどにかまれた場合、はれが少なくても、血が止まらないことがある。そのようなときには、すぐに病院で治療してもらう必要がある。

毒の分け方②

毒を作用で分ける方法（→41ページ）のほかに、毒が体内に入ってから症状が出るまでの時間で分ける方法もあります。毒が1回または何回か体内に入って2週間くらいまでに症状が出る毒を「急性毒」、毒が半年から1年ほど連続または定期的に体内に入ると症状が出る毒を「慢性毒」といいます。それらの中間くらいで症状が出る毒を「亜急性毒」といいます。

急性毒（食中毒、ヘビ毒、毒ガスなど）

その日～2週間

慢性毒（有機水銀中毒、慢性ヒ素中毒など）

半年～1年

毒性の強いものを一度に大量にとると急性になり、少しずつとり続けていると慢性になることもある。

時間がたってから作用する毒

体に入ってすぐに症状があらわれるだけではなく、時間がたってからふたたび症状があらわれる毒があります。ドクツルタケやタマゴテングタケに入っているアマニチンという毒は、食べて1日以内にお腹が痛くなって吐いたり、げりをおこしたりします。その後、症状はおさまりますが、12～24時間後には、肝臓や腎臓が正常にはたらかなくなり、やがて意識を失って、1週間ほどで死んでしまうことがあるのです。また、ドクササコというキノコの毒は、食べてすぐには何の症状もありませんが、数日から1週間ほどで、手足の先が赤くはれ、激しく痛むようになります。その痛みが1か月以上続くこともあります。

自分でとったキノコを食べたあとで、げりや吐き気などがおきたら、病院でみてもらったほうがよい。

すぐには症状があらわれない毒

すぐには毒の症状があらわれず、少しずつ、あるいは何回も毒が体に入ることで半年から1年、さらにそれ以上の長い期間がたって、症状が出てくる毒もあります。水銀や鉛、銅などの金属は、体内にたまると、神経に作用して体がうまく動かせなくなったり、肝臓や腎臓などさまざまな臓器が正常にはたらかなくなったりします。また、カビ毒の中には数年間、数十年間も体の中に入れ続けると、肝臓がんになることがあるものもあります。

また、毒をとった人だけではなく、その人が産む子どもの体に悪い作用をおよぼす毒もあります。鎮静薬や睡眠薬としてつかわれたサリドマイドは、のんだ人には薬として作用しましたが、そのお腹の中にいた赤ちゃんに障害を引きおこしたことがわかっています。

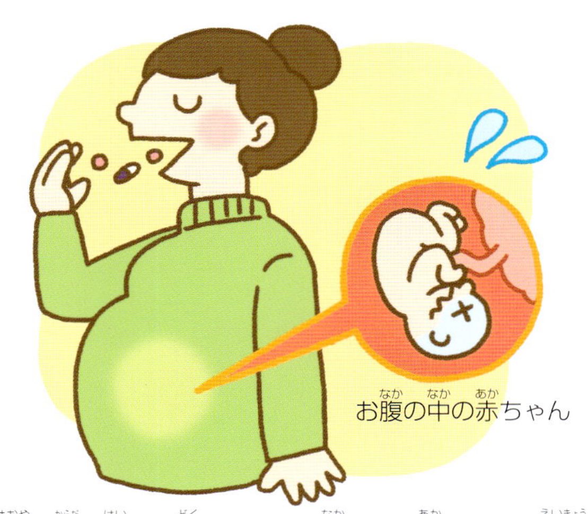

母親の体に入った毒で、そのお腹にいた赤ちゃんに影響が出る毒を「発生毒」といい、親がもつDNAに傷がついて、それが子どもに伝わって影響が出る毒を「遺伝毒」という。

変わった毒の作用のしかた

いくつかの条件がそろうと、毒になるものもあります。たとえば、セント・ジョーンズ・ワートという名前で健康食品などにつかわれるセイヨウオトギリソウです。これを食べたあとに強い太陽光をあびると、じんましんが出たり、痛みをともなう皮ふ炎がおこったりすることがあります。また、食べたあとにお酒をのむと、頭痛や吐き気などを引きおこすキノコもあります（→31ページ）。

ドクダミにふくまれるフェオフォルバイドa、アワビの肝にふくまれるピロフェオフォルバイドaという成分も、食べたあとに強い日光をあびると皮ふに炎症を引きおこす。

人には薬でも動物には毒？

毒の中には、人には作用するのに、そのほかの動物や昆虫、植物には作用しないものがあります。また、それとは逆に、人には作用しないのに、そのほかの生き物には作用する毒もあります。

人には作用しない毒!?

毒や薬は、すべての生き物に同じように作用するわけではありません。特定の生き物には作用して、ほかの生き物には作用しない場合を「選択毒性が高い」といいます。

病院で処方される薬の中に、病気の原因となる細菌を殺す「抗生物質」があります。抗生物質の中には、ヒトをふくむほ乳類にはなく、細菌だけにある細胞壁をこわして、細菌を殺すものもあります。そのため、人には薬になりますが、細菌には毒になります。これが選択毒性が高いということです。

選択毒性の高い薬（左）にくらべて、健康な細胞にも作用してしまう選択毒性の低い薬（右）は、副作用が出やすい。

人には無害で虫には毒になる

夏になるとつかう蚊取り線香などは、虫には害のある毒ですが、人には害がありません。これは、生き物によって毒が作用する量がちがい、虫にはわずかな量でも作用するという選択毒性があるためです。

蚊取り線香の原料には、もともとシロバナムシヨケギクという花がつかわれてきました。この花にあるピレスロイドという成分の作用で、虫は死んでしまいます。しかし、人では、その成分が体の中に入っても、すみやかに分解されてしまい、ほとんど害になりません。

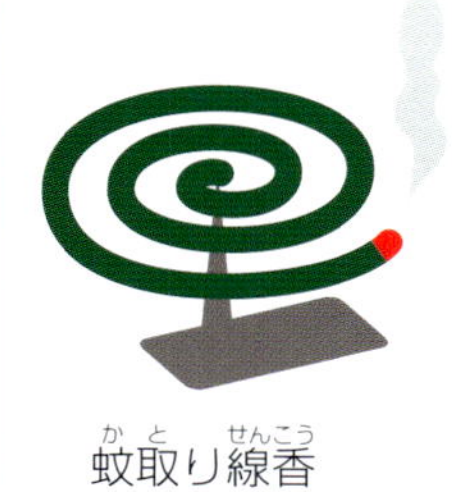

蚊取り線香

シロバナムシヨケギク（左）は「除虫菊」ともいう。近年、この花のピレスロイドをつかった殺虫剤などでアレルギー反応をおこす人がいることがわかっている。

ペットにとって毒になるもの

わたしたちが毎日食べているものの中には、イヌやネコ、鳥など、ペットとしてかっている動物が食べると、毒になるものがあります。たとえば、イヌやネコはタマネギやネギ、ニラを食べると、血液の赤血球がこわれて貧血をおこします。動物にとって危険な食べ物が何かを知って、あやまって食べさせないように注意しましょう。

タマネギ中毒は、イヌの種類によっても、中毒のていどがちがってくる。

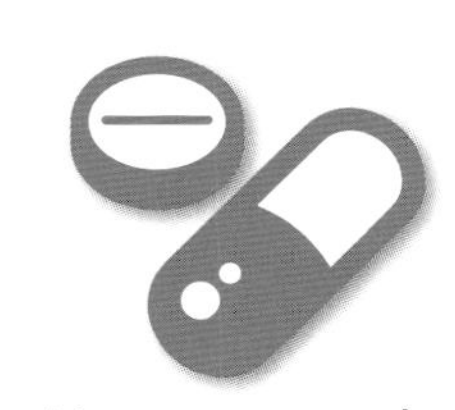

第3章

薬になる毒

毒は、わたしたちの体に悪いはたらきをするだけではありません。つかい方によっては、良いはたらきをすることがあり、薬としてつかわれるものもあります。

薬となったチョウセンアサガオ

チョウセンアサガオ（→ 25 ページ）は、ナスのなかまの植物ですが、葉や茎、根など全体に毒があります。200 年以上前に、日本人医師がこの植物から世界最古の全身麻酔薬をつくりました。

チョウセンアサガオは、「マンダラゲ」ともよばれる。

チョウセンアサガオの毒

チョウセンアサガオに近いなかまには、庭に植えられるキダチチョウセンアサガオ（エンゼルトランペット）などもあります。それらは、植物全体に毒がありますが、根がゴボウ、花のつぼみがオクラと似ているので、人がまちがえて食べてしまうことがあります。それらを食べると、30 分ほどで口がかわき、心臓がどきどきしたり吐いたりして、体のしびれやまひがおこります。ほかにも、興奮したり、意識がもうろうとしたり、呼吸ができなくなったりすることもあります。

キダチチョウセンアサガオは、ラッパ状の花が下向きにぶらさがるようにしてさく。手入れをするときに、傷口がふれないように注意する必要がある。

世界最古の全身麻酔薬

チョウセンアサガオのなかまがもつ毒の成分は、脳や神経に作用し、感覚をまひさせる神経毒です。こうした作用は昔から知られており、200年以上前の江戸時代の医師、華岡青洲はおもにチョウセンアサガオをつかって、世界ではじめて全身麻酔の薬をつくり、乳がんの手術を行いました。

このとき、毒であり、薬ともなったのが、チョウセンアサガオから得られるアトロピンやスコポラミンといった成分です。これらの成分は、ハシリドコロや、セイヨウハシリドコロともいわれるベラドンナ、人の形をした根をもつという伝説があるマンドレイクなどの植物からも得られます。

華岡青洲。青洲が麻酔薬「通仙散」をつくると、青洲の母と妻はみずから申し出て実験台となった。人体実験をくりかえす中で、妻は失明したといわれている。

ハシリドコロ。春先に地上に出てくる若い芽は、フキノトウとまちがえやすい。

ベラドンナは古くから強い毒をもつことが知られていて、「悪魔の草」ともよばれている。

マンドレイク（上）の根（右）は、二またに分かれていて、人の形のように見える。

女性をきれいに見せる薬

昔のヨーロッパでは、ベラドンナのしぼり汁が女の人の目薬としてつかわれていました。これは、ベラドンナから得られるアトロピンの作用により、瞳孔が大きく開いたままになって、魅力的に見えるためといわれます。ベラドンナという名前には、イタリア語で美しい（ベラ）女性（ドンナ）という意味があります。しかし、失明しかねない危険な美容法ですから決してまねしてはいけません。一方で、現在アトロピンをうすめた目薬で近視の進行をおくらせるという研究が行われています。

漢方につかわれるトリカブト

「毒草といえばトリカブト」といわれるぐらい有名な有毒植物です。植物全体に毒があり、とくに根に強い毒がありますが、トリカブトの根は漢方で使用される薬に利用されています。

トリカブトの毒

日本には、ヤマトリカブトをはじめ約30種類のトリカブトのなかまが生えています。8～11月に青紫色のたてに長いかぶとのような形の花をつけます。トリカブトは春先にとれる山菜のモミジガサ（シドケ）とまちがえて食べて中毒をおこすことがあります。食べてしまうと、10～20分で、くちびるや舌、さらに手足がしびれて、吐いたり、腹痛やげりをおこしたり、心臓の拍動が不規則になって体がけいれんしたりします。最後には呼吸ができなくなり、死んでしまうこともある恐ろしい神経毒です。

ヤマトリカブト（左）は、モミジガサ（右）と葉の形は似ているが、花の色や形が異なる。

漢方でつかわれる有毒植物

トリカブトは、古くから有毒植物として知られていて、弓矢の毒として狩りなどにつかわれていました。トリカブトにふくまれるアコニチンという毒成分は、人でも2～6mgとるだけで死んでしまいます。ただ、この毒は長時間加熱すると毒性が低くなります。

トリカブトの根を乾燥させた「附子」を、熱で加工したものが「加工附子」という漢方処方用薬です。加工附子は、冷え性の改善や痛み止め、弱った心臓の回復などにつかわれます。

ヤマトリカブトの根（上）と加工附子（右）。華岡青洲がつくった麻酔薬「通仙散」（→49ページ）にも附子がつかわれていた。

イチイから抗がん剤

イチイは、庭木にもすることがある常緑針葉樹で、甘い実※をのぞいた種子や葉、枝など植物全体に毒がふくまれています。

イチイの毒

イチイのなかまは世界に約11種ほど知られていて、日本にも自生しています。4月ごろに小さな花をつけ、9～10月に実が赤く熟します。熟した実は甘いのですが、種子には毒があります。種子をそのままのみこんでも消化されません。しかし、かみつぶしていくつも食べると、気分が悪くなって、吐いたり、呼吸数がへったり、腹痛やめまい、まひやけいれんがおこったりします。

果肉には甘みがあり、そのまま食べたり、焼酎につけて果実酒にしたりすることができるが、種子には毒がある。

甘い実の中にある種子は苦くて毒があるものの、この実を食べる鳥や動物には種子をかみつぶされにくい。丸のみされた種子は、遠くまで運ばれ、ふんといっしょに地上に落ちて、発芽することがある。

がん細胞をふやさない薬

イチイにふくまれる毒の成分に、タキソール（パクリタキセル）があります。タキソールには細胞がふえるのをおさえる作用があり、制がん剤としてつかわれます。

しかし、タキソールは、イチイの木の皮などにごくわずかしかふくまれておらず、1本のイチイの木からは、人に1回投与する量の半分しかとれないとされます。そのため、薬としてつかわれる分は、イチイの木からとった別の成分をもとに、人工的につくられます。

がん細胞を攻撃するタキソール。がん細胞は、ふつうの正常な細胞よりも活発に分裂してふえるので、とくにタキソールに攻撃されやすい。

※ イチイは、マツなどと同じ裸子植物の一種で果実はできない。ここでいう実は種子をつつむ仮種皮をさす。

ヒガンバナから認知症の薬

ヒガンバナは、秋の彼岸（秋分の日）のころに花をさかせる植物で、「ゆうれい花」や「マンジュシャゲ」などともよばれます。この植物の毒の一種は近年、認知症の薬として注目されています。

ヒガンバナの毒

ヒガンバナは、花がさき終わったあとに、葉が出ます。その葉はニラやノビルという山菜、球根（鱗茎）はタマネギにまちがわれることがあります。とくに毒の強い球根は少し食べるだけで、30分後には、気分が悪くなって吐いたり、げりをおこしたり、よだれや汗が出るといった症状があらわれます。

ヒガンバナは、シュウ酸カルシウムという成分もふくみ、ヒガンバナの汁にさわると、皮ふ炎をおこすことがある。

アルツハイマー型認知症の薬!?

ヒガンバナには、リコリンやガランタミンなどの毒の成分があります。しかし、このなかのガランタミンは、アルツハイマー型認知症の治療薬として注目されています。

脳は、神経伝達物質をつかって物事を記憶したり学習したりしますが、とくにアセチルコリンという神経伝達物質が少なくなると、記憶ができなくなったり、物忘れが多くなったりするなど、アルツハイマー型認知症になると考えられています。ヒガンバナにふくまれるガランタミンは、脳内のアセチルコリンがこわれるのを防いで、認知症の進行をおさえると期待されています。

人々を飢えから救う

食べ物が少なかった昔には、人々は飢えをしのぐため、いろいろなものを食べられるように工夫していました。毒のあるヒガンバナの球根もそのひとつです。この毒は水にとけやすいため、すりつぶした球根を十分に水にさらして、底にしずんだデンプンを集めて食べていました。

ヒガンバナの球根

バッカク菌から産婦人科薬

バッカク菌は、イネやムギなどのなかまにつくキノコやカビのなかまで、ムギなどの穂に「麦角」というかたまりをつくります。バッカク菌のつくる成分は毒にも薬にもなります。

麦の穂の間から、角のようなかたまり（矢印）ができることから、「麦角」とよばれた。

バッカク菌の毒

昔のヨーロッパでは、手足がしびれたり、赤くはれて痛んだりしたあと、炭のように黒くなってくずれ落ちたり、けいれんや意識不明におちいったりする人々がいました。また、麦角のついたライ麦を食べた人が幻覚を見たり、妊娠している人が食べると死産したりすることもありました。当初は原因不明でしたが、やがてこの原因が、パンの材料になるライ麦にできる麦角の毒成分であることがわかりました。

昔のヨーロッパの人は、遠い聖地などに出かけると病気が治ったことから、この病気にかかると巡礼をすすめられた。実際はバッカク菌のついたパンを食べなくなったために病気が治っていた。

血管を縮める薬

バッカク菌のつくるエルゴタミンという成分には、血管を細く縮めたり、妊婦の子宮の動きを良くしたりするはたらきがあります。手足の血管が細くなりすぎて、血が流れなくなると、手足がくさってしまいますが、うまくつかえば血管が広がるときにおこる偏頭痛をおさえる薬になります。また、出産のときにつかえば、なかなか生まれない赤ちゃんを生まれやすくしたり、出産後の出血をおさえたりする薬にもなります。

一方、エルゴタミンからの薬の開発中に見つかったのが、実際にはないものが見えるようになる幻覚剤の一種、LSDです。LSDは日本では現在、麻薬として使用が禁止されています。

胎児は母親の子宮の中で育つ。エルゴタミンには子宮が収縮して胎児が外に出やすくなる作用がある。

第3章 薬になる毒

矢毒のクラーレが薬に

クラーレは植物からとれる毒で、南米のアマゾン川流域などにすむ人たちが狩りをするときに昔からつかってきた毒です。その成分のひとつが、手術のとき筋肉の緊張をとる筋弛緩薬につかわれます。

矢毒としてつかわれたクラーレ

南米のアマゾン川やオリノコ川のまわりにすんでいた人たちが、狩りや戦いのときに、矢にぬってつかった毒がクラーレです。ツヅラフジのなかまの木の皮などを煮つめてつくる毒で、クラーレのついた矢が体にささると、筋肉がまひして力が入らなくなります。毒の症状のあらわれ方には順番があり、はじめに目や耳、足の指などに影響が出て、次に手や足の筋肉、そして首の筋肉がまひします。そして、最後に呼吸するための筋肉がまひしてしまうと死んでしまいます。ただ、クラーレは人の胃腸内では吸収されにくいため、毒矢でつかまえた動物を食べても中毒にはなりません。

ツヅラフジのなかまのコンドデンドロン・トメントスム（上）などを原料につくられたクラーレから、d-ツボクラリンという毒の成分が見つかった。マチンのなかまの植物をまぜてつくるクラーレもある。

クラーレは人の胃腸内では吸収されにくいため、クラーレをぬった毒矢でしとめた動物を食べても、中毒にならない。クラーレを入れる容器は種族によってちがい、大きく分けて竹づつ、つぼ、ひょうたんの3種がある。

筋肉をほぐす薬

クラーレには、d-ツボクラリンや、トキシフェリン、C-クラリンといった毒の成分があります。なかでも、d-ツボクラリンには、神経が脳からの命令を筋肉に伝えるのをじゃまして、筋肉を動かなくする作用があります。その作用から、人が手術を受けるときに、筋肉の緊張をとって手術しやすくするための筋弛緩薬としてつかわれています。

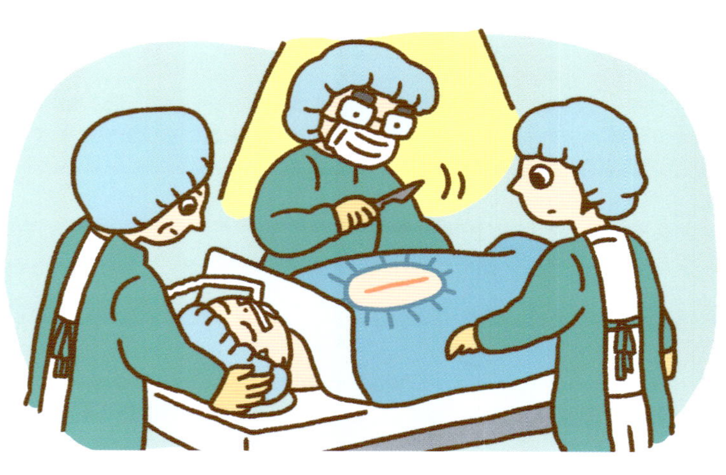

ケシから生まれる薬

ケシのなかまには、許可なしに植えてよいケシと植えてはいけないケシがあります。植えてはいけないケシからは、アヘンやモルヒネなど、麻薬として一般使用が禁止されている薬ができます。

ケシから生まれるアヘン

植えてはいけないケシのなかまは、実に傷をつけると、白い汁が出てきます。それがかわいて茶色っぽくなったものがアヘンです。アヘンは、2000年以上前の紀元前のギリシャでもすでに、子どもを落ちつかせる薬としてつかわれていました。アヘンには、モルヒネやコデインなどの成分がふくまれています。

植えてよいケシ（左）にくらべて、許可なく植えてはいけないケシ（上）の、茎や葉には細かな毛がなく、葉の切れこみが小さいなどのちがいがある。

強力な痛み止め

モルヒネは、脳のはたらきを低下させ、強い痛みや不安、恐怖、疲れなどを感じなくさせる作用があるため、がんの強い痛みをやわらげる薬としてもつかわれます。一方、痛みのない人がいたずらにモルヒネをつかうと、快感や幸福感を強く感じるようになります。さらに何度かつかうと、身体的・精神的にモルヒネに依存するようになってしまいます。つかうのをやめると、あくびや発汗、ふるえ、発熱におそわれ、食欲がなくなり、ねむれなくなるなど、さまざまな症状があらわれます。そのため、現在の日本では、モルヒネを医療以外でつかうことは禁止されています。

同じケシからとれるコデインは、麻薬としての作用がモルヒネよりも弱いのですが、せきをしずめる作用があり、一般の薬局で買える風邪薬にも、せき止めの成分としてわずかに入っています。

せき止めとしてつかわれる薬でも、副作用として眠気やめまい、吐き気などがあったり、長い間にわたって多量にのみ続けると、やめたときに麻薬のような禁断症状が出ることがある。

ヒキガエルの毒が心臓の薬に

ガマガエルともよばれるヒキガエルは、頭の後ろ側や、背中の皮ふなどから毒を出しています。この毒によって、ヒキガエルはヘビなどの敵から食べられにくくなっています。

ヒキガエルの毒

ヒキガエルは、頭の後ろ側にある耳腺といわれるところや背中の皮ふから、毒液を出します。そのため、人がヒキガエルをさわった手で目や口をこすると、痛みを感じたり、はれたりします。また、イヌなどがヒキガエルをくわえると、口からあわをふいて苦しむこともあります。

このヒキガエルの毒液を集めて乾燥させてかためたものを、中国では1000年以上前から心臓の薬としていました。これは漢方でつかわれる黒っぽい色の薬で、センソ（蟾酥）といいます。

ニホンヒキガエル。江戸時代に売られていた傷薬の「ガマの油」は、ゴマやブタの油、ろうなどをもとに、ヒキガエルやムカデの毒を煮つめてつくったという。

センソは、血止めや、はれものや虫歯などの痛み止め、心臓の動きを良くしたり、汗が出るのを止める（制汗）薬としてつかわれてきた。「蟾酥」とは「ヒキガエル（ガマ）の油」の意味。

強心薬となるセンソ

ヒキガエルが出す毒には、ブファリンや、ブフォテニン、ブフォタリンなど何種類もの成分が入っています。なかでも、ブファリンには筋肉を収縮させて体の動きを良くしたり、尿を出しやすくしたりする作用があります。

ブフォテニンにも、心臓の動きを良くして、血圧※を上げたり、呼吸の数をふやしたりする強心作用がありますが、一方で実際にはない物が見える幻覚を引きおこす作用もあります。

現在でもセンソは、薬局などで買うことができる強心薬（心臓の動きを良くする薬）の成分になっている。一方で、現在売られている、いわゆる「ガマの油」にはヒキガエル毒はつかわれていないという。

※ 血圧は、心臓から血液が押し出されるとき、血管の壁を押す力。健康な人の血圧より高すぎても、低すぎてもよくない。

ヘビ毒から高血圧の薬

世界中に、約 3000 種ものヘビがいて、その約 4 分の 1 が毒をもっているといわれています。かまれて死ぬ人も多いヘビの毒は、かなり昔から高血圧の薬としても研究されてきました。

南アメリカのヘビの毒

南アメリカのブラジル東部の草原には、ボスロップス・ハララカ(ジャララカ)という毒ヘビがいます。このヘビは、マムシやハブのなかまで、「アメリカハブ」ともよばれています。体が黄色や茶色、体長 1.5m にもなる大きなヘビで、攻撃的な性格をしているため、ブラジルでの毒ヘビによる事故の 90% をしめるといわれています。人がかまれると、とても痛いだけではなく、大量に出血して、最後には腎臓がうまくはたらかなくなって、死んでしまいます。

ボスロップス・ハララカは、えさとなるネズミをもとめて畑や、人がすむ場所にも出てくるため、事故が多い。

血圧を下げる薬

血圧が正常なはんいをこえて高い状態が続くと、心臓や脳の病気などにつながります。ある研究者が、人がボスロップス・ハララカにかまれると急に血圧が下がり、気を失うことに注目しました。その毒を調べたところ、ハララカの毒には血圧を下げる有毒ペプチドがふくまれていることがわかりました。さらに 1970 年代には、それをもとにつくられたカプトプリルという化合物が、血圧を下げる作用をもち、なおかつ口からのんでも胃腸で分解されずに作用することを発見しました。

こうして、新たな高血圧の薬がつくられ、現在では世界中で広くつかわれています。

ヘビ毒の作用に注目した研究者。バナナ農園ではたらく人たちが、ハララカにかまれると、血圧が下がって脳に血液がいかなくなり、意識を失うことに着目した。

トカゲの毒が糖尿病の薬に

毒をもつヘビは、世界中に何百種といますが、毒をもつトカゲはほとんどいません。アメリカ南部からメキシコの砂漠などにすむアメリカドクトカゲの毒は、糖尿病の治療に利用されています。

アメリカドクトカゲの毒

アメリカドクトカゲは、アメリカオオトカゲやヒーラ・モンスターともよばれています。上あごに毒の牙がある毒ヘビとちがって、下あごに毒を流しこむための牙があります。ふだんはゆっくり動くおとなしいトカゲですが、えものをとるときは、何度もかみついて神経毒を流しこみ、動けなくして食べます。人がかまれると、死ぬことはほとんどありませんが、激しい痛みや吐き気、めまいなどを感じます。

砂漠では、えものをつかまえるチャンスが少ないため、太い尾に脂肪をたくわえて、何か月も食べずにすごす。えものが見つかると、食べられるだけ食べて食いだめをする。

血液中の糖分をコントロールする薬

ふつうは、一度に大量の食事をとると血糖値※が上がりすぎて内臓に負担がかかり、健康によくありません。しかし、アメリカドクトカゲは、急にたくさん食べても血糖値がほとんど変わりません。そのしくみを調べてみると、アメリカドクトカゲのだ液の毒から血糖値を下げる数種の成分が見つかり、そのひとつエキセナチドは糖尿病の薬となりました。この薬はほかの薬とくらべ、血糖値を下げすぎず、適度な数値にしてくれます。また、脳にはたらいて空腹感を感じにくくするため、ダイエットの薬としても注目されています。

アメリカドクトカゲにかまれると、血糖値が下がって、体中の栄養が足りない状態になり、動けなくなる。

※ 血糖値は、血液にふくまれるブドウ糖の値のこと。ごはんやパン、甘いものなどを食べると、胃や小腸で分解・吸収されてブドウ糖として血液中に入り、体の各部分の細胞にとどけられて、活動のエネルギーとなる。

イモガイの毒から鎮痛剤

イモガイのなかまは、あたたかな海にすむきれいな殻をもった巻貝で、世界に400種以上もいるといわれます。肉食の貝で、強力な毒でえものを動けなくして食べてしまいます。

イモガイの毒

イモガイは、歯舌という毒針を魚や貝などにさして、動けなくしてから丸のみします。イモガイの毒は強力な神経毒で、人がさされると、さされた部分にかすかな痛みがあり、しびれます。そして、しびれが口のまわりや手足の先まで広がると、吐いたり、よだれやなみだが出たり、胸に痛みが生じたりすることもあります。ひどいときには、声も出せなくなり、呼吸もできずに死んでしまいます。また、水泳中にイモガイにさされると、おぼれて死ぬこともあります。

イモガイの一種のアンボイナガイ。イモガイは、形がサトイモに似ているために、その名前がついたといわれる。夜に活発に活動する。 写真提供：新江ノ島水族館

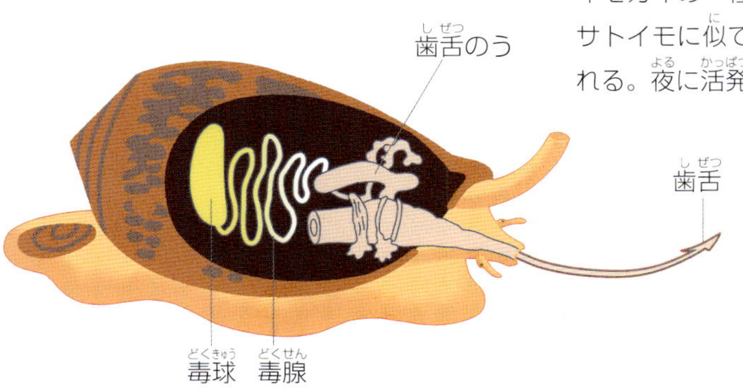

イモガイの毒は、毒腺でつくられ、歯舌のうから歯舌にためられる。毒球は毒を毒腺から歯舌のうに送りこむポンプの役目があると考えられている。

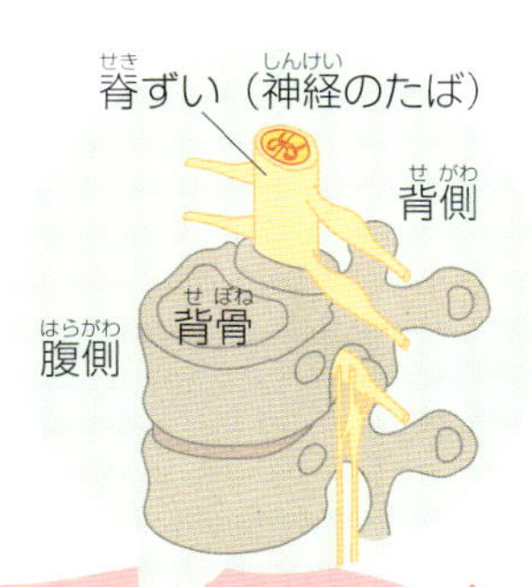

強力な痛み止めの薬

イモガイの毒は、5万種以上の成分が見つかっており、まとめてコノトキシンといいます。それらの成分は少しずつちがったしくみで、神経を通って情報が伝わるのをじゃまします。

なかでもオメガ・コノトキシンという毒からは、モルヒネ（→55ページ）よりもさらに強力な痛み止めの薬ジコノタイド（ジコノチド）が生まれました。これは、海にすむ生き物からつくられたはじめての薬ですが、現在では、ほかにもてんかんやアルツハイマー病、パーキンソン病、うつ病、ニコチン依存症などさまざまな病気を治すのに役立ちそうな成分が見つかっています。

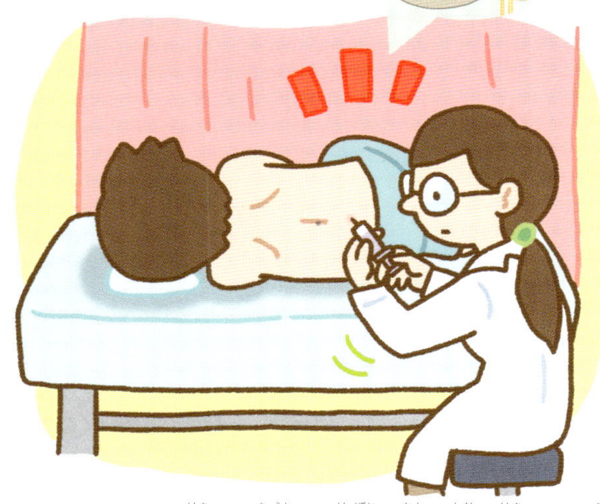

ジコノタイドの脊ずい注射。背骨の中を通る脊ずいに注入し、痛みの情報を伝わりにくくして、痛みをやわらげる。

サソリの毒が脳腫瘍の薬に

サソリは、ハサミと４対８本の足をもつ節足動物で、昆虫よりもクモに近い動物です。種類によって毒の強さはちがいますが、尾の先に毒針をもち、えものをつかまえるのにつかいます。

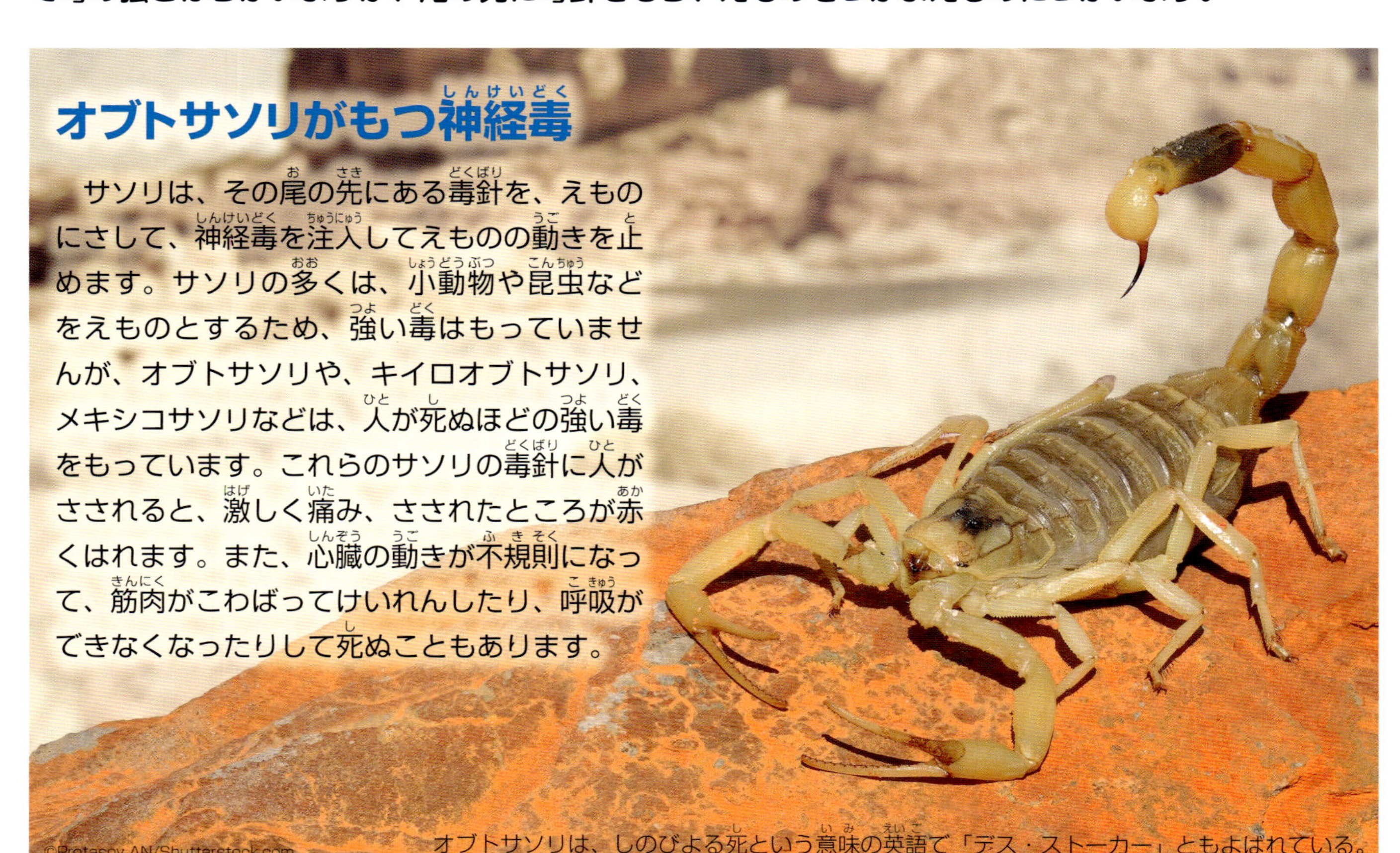

オブトサソリがもつ神経毒

サソリは、その尾の先にある毒針を、えものにさして、神経毒を注入してえものの動きを止めます。サソリの多くは、小動物や昆虫などをえものとするため、強い毒はもっていませんが、オブトサソリや、キイロオブトサソリ、メキシコサソリなどは、人が死ぬほどの強い毒をもっています。これらのサソリの毒針に人がさされると、激しく痛み、さされたところが赤くはれます。また、心臓の動きが不規則になって、筋肉がこわばってけいれんしたり、呼吸ができなくなったりして死ぬこともあります。

オブトサソリは、しのびよる死という意味の英語で「デス・ストーカー」ともよばれている。

脳の腫瘍を見つけてじゃまする薬

サソリの毒には、さまざまな毒の成分がふくまれています。中国ではキョクトウサソリを乾燥させたものを、痛み止めや血圧を下げるための薬としてつかいます。

また、近年ではオブトサソリの毒にふくまれるクロロトキシンという毒が注目されています。クロロトキシンは、昆虫など無せきつい動物には作用しますが、ほ乳類やカエルなどのせきつい動物には作用しません。この毒は、細胞の異常増殖で腫瘍ができる病気の中でも、脳の健康な部分で増殖しやすいグリオーマ（神経膠腫）という腫瘍細胞にくっつきやすく、グリオーマが広がるのをじゃまする作用があることがわかりました。現在、クロロトキシンをつかった薬の研究が進められています。

腫瘍細胞にくっつくクロロトキシン。腫瘍細胞をやっつけたり、ある特別な光をあてると光ったりする薬をいっしょにして、腫瘍を小さくし、腫瘍を取りのぞく手術をしやすくする薬としてつかわれている。

クモの毒が脳の病気の薬に

クモのなかまは、ほとんどのものが毒をもっていますが、人が死ぬような強い毒をもつものはほとんどいません。多くは、えものとなる昆虫などを動けなくするためにつかわれます。

ジョロウグモがもつ毒

ジョロウグモは、巣にかかったえものをかみ、牙から出す毒でまひさせて動けなくなったところを食べます。1980年代に、日本の研究者は、それを見て、ジョロウグモが神経毒をもっていることに注目しました。ただし、この毒の量は少なく、人がかまれても毒の症状はあらわれません。ジョロウグモがすすんで人をかむこともほとんどありません。

ジョロウグモは、めすの大きさが20～30mm、おすが6～10mm。山地から人の家の近くまでさまざまなところにすんでいる。

脳の病気に効く薬

ジョロウグモからはネフィラトキシンやJSTX、ほかのクモからはNSTXなどの毒成分が見つかっています。これらの毒は、人の脳の中で、グルタミン酸という神経伝達物質が出るのをおさえることがわかりました。

グルタミン酸は、脳で興奮を伝えたり、記憶や学習に関する情報を伝えたりしています。また、認知症やてんかん、うつ病など脳に関わる病気の場合には、脳の中のグルタミン酸の量が多くなることがわかっています。そのため、ジョロウグモなどの毒は、それらの病気の治療薬をつくる研究に役立つのではないかと期待されています。

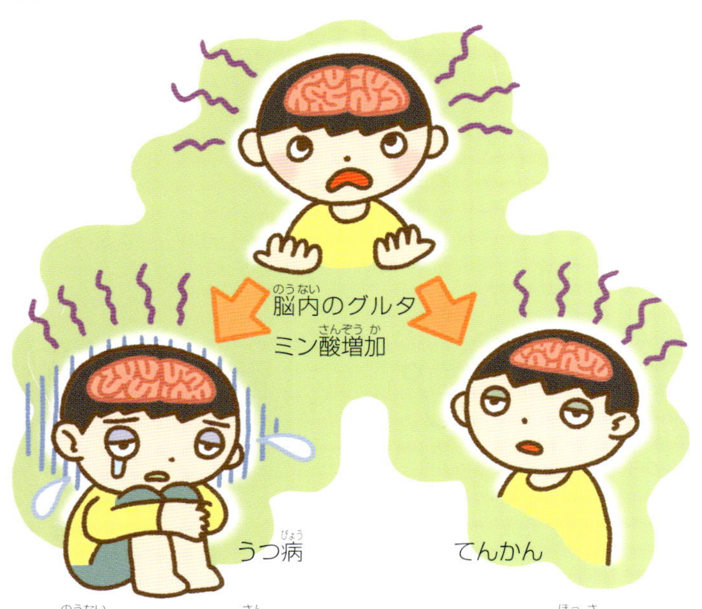

脳内のグルタミン酸がふえすぎると、てんかんの発作やうつ病の発症の確率が高くなる。

さくいん

同じ見開きの中で何度も出てくる言葉は、最初に出てきたページをのせています。

た

な

は

ま

や ら わ

監修者紹介

船山信次（ふなやま しんじ）

1951年仙台市生まれ。東北大学薬学部卒業、東北大学大学院薬学研究科博士課程修了。薬剤師、薬学博士。天然物化学専攻。イリノイ大学薬学部博士研究員、北里研究所微生物薬品化学部室長補佐、東北大学薬学部専任講師、青森大学工学部教授などを経て、現在、日本薬科大学教授。著書には『毒と薬の科学』（朝倉書店）、『アルカロイド』（共立出版）、『〈麻薬〉のすべて』（講談社）、『毒！ 生と死を惑乱』（さくら舎）、『毒草・薬草事典』『民間薬の科学』（以上、ＳＢクリエイティブ）、『毒と薬の世界史』（中央公論新社）、『アミノ酸』（東京電機大学出版局）、『史上最強カラー図解 毒の科学』（ナツメ社）、『毒があるのになぜ食べられるのか』『毒』（以上、PHP研究所）などがある。

写真提供・協力者一覧

石川県農林水産部農林総合研究センター林業試験場／石川県ふれあい昆虫館／医聖華岡青州顕彰会／沖縄県衛生環境研究所／おきなわワールド ハブ博物公園／救心製薬株式会社／京都市動物園／国立国会図書館／札幌市円山動物園／下関市立しものせき水族館　海響館／浄土ヶ浜ビジターセンター／新江ノ島水族館／東武動物公園／日本新薬株式会社／農研機構畜産研究部門飼料作物研究領域／PIXTA／平塚市博物館／フォトライブラリー／理科教材データベース（岐阜聖徳学園大学）／ゆんフォト／麗潤館／Depositphotos／Dreamstime／NOAA／Shutterstock／USDA

【カバー・表紙】キングコブラ：おきなわワールド ハブ博物公園、オブトサソリ：©Protasov AN/Shutterstock.com、【裏表紙】トリカブト：日本新薬株式会社

参考文献

『おもしろサイエンス毒と薬の科学』（日刊工業新聞社）／『学研の図鑑LIVE危険生物』（学研プラス）／『学研の大図鑑危険・有毒生物』（学研教育出版）／『カラー図解 毒の科学』（ナツメ社）／『体の中の異物「毒」の科学』（講談社）／『気をつけろ!猛毒生物大図鑑』（全3巻、ミネルヴァ書房）／『新装版野外毒本』（山と溪谷社）／『図解でよくわかる毒のきほん』（誠文堂新光社）／『毒』（PHP研究所）／『毒と薬の科学』（朝倉書店）／『毒と薬の世界史』（中央公論新社）／『フィールドベスト図鑑17危険・有毒生物』（学研教育出版）／『〈麻薬〉のすべて』（講談社）／『猛毒動物最恐50』（SBクリエイティブ）／『猛毒動物の百科』（データハウス）／『より深くより楽しく毒学教室』（学研教育出版）

※その他、各種文献、各専門機関のホームページを参考にさせていただきました。

イラスト　ふるやまなつみ、ハユマ（田所穂乃香）
装丁・本文デザイン　茨木純人
編集・構成　ハユマ（原口結、小西麻衣、戸松大洋）

毒をもつ生き物たち
ヘビ、フグからキノコまで

2017年9月4日　第1版第1刷発行

監修者　船山信次
発行者　山崎　至
発行所　株式会社ＰＨＰ研究所
東京本部　〒135-8137　江東区豊洲5-6-52
児童書局　出版部　☎03-3520-9635（編集）
普及部　☎03-3520-9634（販売）
京都本部　〒601-8411　京都市南区西九条北ノ内町11
PHP INTERFACE　http://www.php.co.jp/
印刷所
製本所　図書印刷株式会社

ISBN978-4-569-78690-2

NDC481　63P　29cm

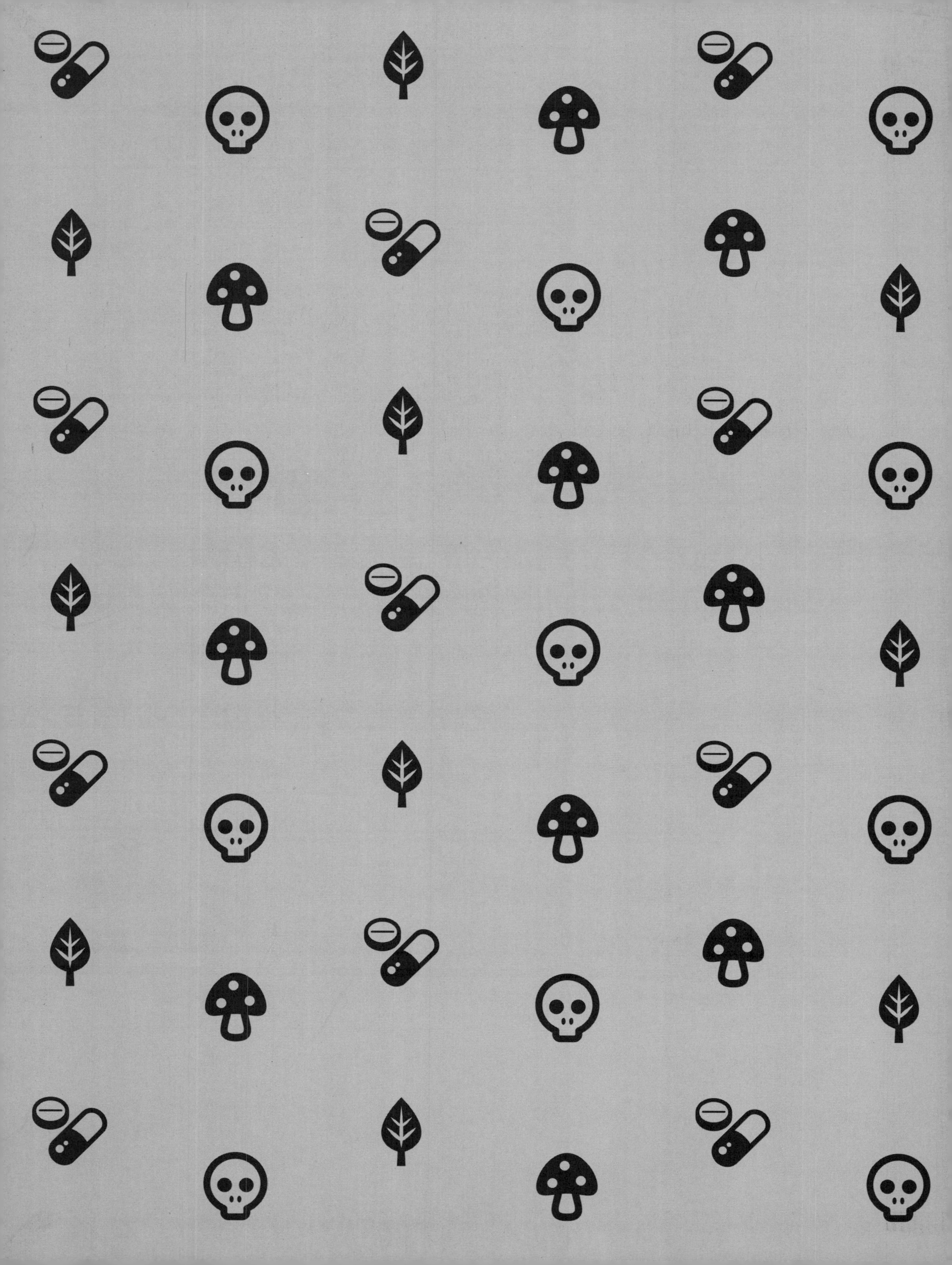